U0258286

THINKI
新思

新 一 代 人 的 思 想

Biophilia
亲生命性

[美] 爱德华·威尔逊 著

张帆 译

Edward O. Wilson

中信出版集团 | 北京

图书在版编目（CIP）数据

亲生命性 /（美）爱德华·威尔逊著；张帆译 . --
北京：中信出版社，2024.4
　书名原文：Biophilia
　ISBN 978-7-5217-6322-5

　I. ①亲…　II. ①爱… ②张…　III. ①生物多样性－
普及读物　IV. ① Q16-49

中国国家版本馆 CIP 数据核字 (2024) 第 008854 号

亲生命性
著者：　　［美］爱德华·威尔逊
译者：　　张帆
出版发行：中信出版集团股份有限公司
　　　　　（北京市朝阳区东三环北路 27 号嘉铭中心　邮编　100020）
承印者：　北京通州皇家印刷厂

开本：880mm×1230mm　1/32　　印张：9　　　字数：156 千字
版次：2024 年 4 月第 1 版　　　　印次：2024 年 4 月第 1 次印刷
京权图字：01-2024-0354　　　　　书号：ISBN 978-7-5217-6322-5
　　　　　　　　　　　　　　　　定价：59.80 元

轻轻地归去吧，动物们，

你那传奇的职责正在发出召唤。[①]

——托马斯·金塞拉

① 托马斯·金塞拉所作《轻轻地归去吧》（"Soft, to Your Places"），摘
自《诗选（1956—1968）》（*Selected Poems, 1956-1968*；都柏林：多
尔门出版社，1973 年）。

目录
Contents

前言
Prologue

1961 年 3 月 12 日，我站在阿拉瓦克人的村庄伯恩哈斯多普，向南眺望苏里南沿海地区生长在白沙滩上的森林。这一瞬间在我的记忆中留下了难以磨灭的烙印，令我产生一种非同寻常的紧迫感；直到 20 年后，我才终于弄清楚其中的原因。每一次回忆起这一瞬间，我都会变得越发伤感，直到最后，我的这种情感转变成了理性的推测，而推测的对象则与原本在我心中激发起紧迫感的那件事只剩下一点点若即若离的联系。

我所思考的事情可以用一个词来总结——"亲生命性"。接下来，我还斗胆给这个词下了个定义，即人类与生俱来关注生命及生命过程的倾向。让我首先简略地解释一下这个概念，然后再在本书之后的内容中更为全面地论述与之相关的主题思想。

从婴幼儿时期开始，我们就会被我们的身体、我们身边的其他有机体深深地吸引，把它们当作快乐的源泉。我们学会了如何分辨生命体和非生命体，会对生命体表现出极大的兴趣，就好似被灯光吸引的飞蛾。我们尤其喜欢新奇的生命形态，以及生命的多样性；只要身旁有人说出了"地外生物"这个词，我们马上就会做起白日梦，想象着那些人类尚未发现的生命形态，把那些曾经吸引我们的先辈前往遥远的海岛和茂密的丛林去寻找的奇珍异兽抛诸脑后。这是显而易见的事情，但还需要大量的补充，才能把事情说清楚。我在这里要提出的观点是，探索生命并在生命中寻找归属感，是人类心智发展过程中一个深刻而又复杂的环节。尽管在一定程度上讲，无论哲学还是宗教，都没有充分地认识到这一点的重要性，但不可否认的是，这种亲近生命的倾向不仅支撑着我们的生活方式，编织着我们的精神世界，连我们的期盼与失望也与它的起伏变化息息相关。

　　我还要继续补充一点。现代生态学让人类获得了一种看待世界的全新方式，而这种方式恰巧与深藏在我们心中的亲生命性吻合在一起。换言之，我们的本能和理性罕见地指向了同一个方向。我以此为基础，得出一个乐观的结论：我们对其他有机体的理解越深刻，我们就越重视它们的价值，反过来，这又会让我们更清楚地认识到人类自身的重要价值。

_1_

第一章

伯恩哈斯多普

Bernhardsdorp

那是一个在热带地区平平常常的早晨，强烈的阳光照射着伯恩哈斯多普，充满湿气的空气就好像凝滞了一样，所有的生物都躲了起来，像是在等待着什么。地平线上只能看到一块雷雨云砧。因为距离遥远，这块巨大的云砧显得十分袖珍，预示着雨季还要过上两三周才能到来。一条小径穿过茂密的树木和藤蔓，通往萨拉马卡河，在过河后继续向南，通向奥里诺科河、亚马孙盆地。村子周围的森林以赞德赖地层像水晶般亮闪闪的沙滩为起点，艰难地向内陆延伸，好似一片由林间空地、溪边林地组成的群岛，而周围的热带稀树草原（树木稀少且长有高大灌木丛的草地）则好似汪洋大海，把森林团团围住。向南望去，森林就好似越来越密集的网眼针织物，渐渐地扭转局势，反过来对稀树草原进行分割包围，最终反倒把草原变成了群岛。接下来，一股不可见的力量开始一步一步地抬升森林的高度，像施了魔法一样，把森林变成了拥有三层树冠的热带雨林，也就是南美洲生态系统核心地带令人叹为观止的主要生境。

在村子里，一个村妇拿着被烟灰熏黑的大砍刀，一边蹚着步子，围着用来煮饭的大铁锅绕圈，一边用砍刀拨弄着用来加热铁锅的火堆。这个胖乎乎的村妇赤着脚，扎着两条长辫子，穿着一件崭新的、印有玫瑰花图案的纯棉连衣裙，看起来约莫30岁。她并没有表现出认识我的样子，这也许是出于礼貌，也许仅仅是因为她太过腼腆。在她看来，我只是一个怪人，一个与村子格格不入的过客，马上就会踏上出村的小径，从她的生活中彻底消失。在她的脚边，一个小孩拿着木棍，在地上恣意地涂鸦。村妇和小孩所在的伯恩哈斯多普是个小村子，全村只有不到十座仅有一个房间的小房子。村舍的墙壁由棕榈叶编织而成，墙面是人字形平行花纹，并涂有颜色鲜艳的方块作为背景，而背景上则画有从观者的角度来看向右上方曲折延伸的黑色闪电图案。墙壁上的图案是原住民手工艺品硕果仅存的代表。伯恩哈斯多普与苏里南的首都帕拉马里博距离太近，市场上充斥着廉价的工业制品，全然没有可能保留阿拉瓦克村庄的原始风貌。无论就名称而论，还是从文化上看，这个村子都已经被荷兰殖民主义完全吞没。

一头家养的矛牙野猪躲在屋檐下，在阴影中乘凉，瞪着绿豆一样的眼睛，紧盯着我的一举一动。我是个动物分类学家，一眼就看出来这头野猪具有环颈西貒（*Dicotyles tajacu*）的典型特征：它身形似猪，但脑袋却显得太大，与身子一点也不协调；它的皮毛粗糙且长有斑纹，脖子上有一条好似项链的灰白色细纹；它的鼻子底宽尖窄，耳朵直立，尾巴已经退化成了一个小毛球模样。我眼前的这头西貒是一只年龄不大的雄性，它像舞蹈演员一样，把四条小细腿绷得直直的，似乎一直都憋着一股怒气，随时都有可能一头撞过来，但同时又站在原地，纹丝不动，看起来像极了古代高卢人战旗上的金属野猪。

这里做一点解释说明：猪的智力在动物中名列前茅，而据推测，猪的近亲西貒同样也智力超群。一些生物学家认为，猪要比狗聪明，就智力而论，差不多能与大象和宽吻海豚一较高下。它们会组成成员数量 10~20 只的群体，在面积大约 1 平方英里[①]的领地内不断地巡逻。从某些方面来看，猪的习性与群居的有蹄类动物存在差别，反倒与狼和狗更为接近。它们认识群体里的每一个成员，睡觉时会紧贴着身子，而外出游荡时则会用叫声来保持联系。群体

---

① 1 平方英里≈2.6 平方千米。——编者注

内的成年个体等级森严，雌性的地位要高于雄性，等级结构与大部分群居哺乳动物相反。遇到危险时，它们会步调一致，同时发起进攻，不仅会像豪猪竖起棘刺那样，把肩部的鬃毛竖起来，还会挥动锋利的犬牙，咬下深可见骨的伤口。然而，如果幼年的野猪被人类捕获，那么它就会因为人类的照管而丧失本能，轻而易举地变成温顺的家畜。

所以说，只要看到被人类驯服的野猪，我心里就有些不是滋味——也许更准确的形容是，我会因此感到尴尬。我眼前这头年轻的雄性野猪的身体结构没有任何问题，但它却只表现出了最基本的社会行为。然而，它并不仅限于此：它是一个强大的存在，从出生的那一刻起就已经拥有预先设定的程序，可以逐步学习，形成环颈西貒的习性，以环颈西貒独有的方式对周围古老的环境做出反应，但现在，它却被人类偷走，变成了一个有能力发声，但却不知道该如何讲话的哑巴，被困在村中这块远离自然的空地上，就好似未知世界为我派来的信使。

我只在村庄中逗留了几分钟的时间。我此行的目的是，研究栖息在苏里南境内的蚂蚁及其他社会性昆虫。这可不是一项简单的任务：平均来说，在南美洲的热带森林中，仅仅1平方英里的区域就有100多种蚂蚁和白蚁。如果在热带森林中随机选取一块林地进行采样，大到貘、鹦鹉，小到体形最小的昆虫、线虫，把所有动物全都收集到

　　　　　　　　　　　　　　　　　　亲生命性

一起，那么你就会发现其中蚂蚁和白蚁的重量占到了这些动物总重量的三分之一。在热带的任何地区，只要你在森林中闭上眼睛，把手贴在树干上，直到觉得手被什么东西碰到之后再睁开眼睛，那么十有八九，你就会发现在你手上爬过的是一只蚂蚁。如果抬起脚来，踢碎一段朽木，你就会发现白蚁像洪水一样涌出来。往地上丢一点面包屑，那么只消几分钟的时间，就会有某个种类的蚂蚁发现面包屑，把它向洞口的方向拖过去。在热带森林中，外出觅食的蚂蚁是昆虫及其他小型动物最主要的捕食者，而白蚁则是降解朽木的关键物种。蚂蚁和白蚁共同组成了森林能量流动的一条重要通道。阳光提供的能量被树叶转化成有机质，之后接连被毛虫、蚂蚁、食蚁兽、美洲豹吃掉，而美洲豹死后则成了蛆虫的食物，其体内储存的能量被转移到了腐殖质中，最终被白蚁消耗——在此过程中，所有的生物都会不断地向环境释放热量。上述过程环环相扣，在苏里南全国各地的村庄周围组成了一张规模巨大的能量传递网络。

我随身携带着野外生物学家的标准装备：照相机；装有镊子、小铲子、斧头、驱蚊剂、罐子、小瓶酒精和笔记本的帆布包；一把放大倍率为 20 倍，挂在脖子上晃来晃去，让人备感安心的手持放大镜；镜片上总是蒙着雾气，在鼻子上不断打滑的眼镜；被汗水打湿，紧紧地贴在背上的卡其色衬衫。我聚精会神地观察着森林，在我出生前，这片森林就已经生长在这块土地上了。我多少能够理解保罗·索鲁和其他只喜欢在城市里生活的作家编写的游记，也想得出来他们为什么会把人类定居点等同于整个世界，认为把各个城市分隔开来的自然生态环境是令人讨厌的障碍物。然而，无论我身在何处——我去过南美洲、澳大利亚、新几内亚和亚洲——我内心的想法都与这些作家截然相反。丛林和草地是自然而然的目的地，而城镇和农田则好似迷宫，是人类在过去的某个时间段强加在自然环境之上，把它们分隔开来的人造物。要是在城市里出人意料地找到了被人造物包围的一小片绿洲，我就会分外惊喜，格外珍视。

参观耶路撒冷旧城时，我站在离所罗门王座所在的高地不远的地方，鸟瞰通往杰里科的道路以及道路另一侧客西马尼园中郁郁葱葱的橄榄树林，不禁心想，在橄榄树的树荫下到底还能找到哪些巴勒斯坦的原生动植物。我脑子里突然冒出了《圣经》中的经文"懒惰人哪，你去察看蚂蚁的动作，就可得智慧"，于是便在鹅卵石地面上跪了下来，开始观察搬运着种子向洞口行进，想要给蚁穴的地下谷仓补充存粮的收获蚁。收获蚁收集食物的行为让《圣经·旧约》的编写者念念不忘——他甚至有可能在我现在所在的地方观察到了同一种蚂蚁收集食物的行为。参观结束后，我在东道主的陪伴下经过圣殿山，向穆斯林区走去，路上开始在心里默默地计算，到底有多少蚂蚁把耶路撒冷城当作家园。这看似古怪的行为其实在道理上完全讲得通：耶路撒冷过去 100 万年的历史肯定不输过去 3 000 年的历史，同样扣人心弦。

离开伯恩哈斯多普前，我发挥想象力，把光的强度当作衡量物种多样性及自然秩序的标准。村妇、她脚边的孩童、屋檐下的矛牙野猪全都变成了耀眼的光点。在他们周围，整个村庄因为生命密度较低而变成了一个漆黑的圆盘——村中的人造物几乎不能提供任何光亮。村外的森林变成了一座闪闪发光的堤岸，而在森林中活动的鸟类、哺乳动物、体形较大的昆虫则全都变成了移动的光点，在堤岸上的各个地方时隐时现。

我走进森林，进入被热带植被遮盖的阴凉处，与往常一样，再一次深受震撼，之后一路前行，一直走到了一小块连接着沙土小径的林间空地。我聚精会神，把注意力集中在自己身边方圆几米的范围之内，再一次尝试进入生物学家用来寻找那些难得一见的有机体的精神状态——这可以称作博物学家的入定状态，也可以称作猎人的入定状态。在我的脑海里，这片森林和森林中的所有宝藏都成了只属于我的财宝，即便推土机把森林夷为平地，这座宝库也会永远地留存在我的记忆中。

　　我的思绪呼的一下摆脱了所有束缚，注意到人类平常根本不会注意到的事情，意识到了自然世界在如何负重前行——在这个世界中，激情失去了意义，历史没有人类参与，而是存在另一个维度，无论多么重大的事件，都会无影无踪，不会留下任何记录，也不会在意任何评判。这是一个既熟悉又陌生的世界，我只是匆匆的过客，虽然无足轻重，但却深深地爱上这里。这里汇聚着多到数不清的进化成果，但其中的目的却与我毫不相干；每个有机体都是遗传密码本，记录着新生代①开始以来的漫长历史，但书中的密码却是我无论如何也无法读懂的天书。这种难以名状的感觉让人心如止水。我的呼吸、心跳全都慢了下来，注意力变得十分集中。我感觉到森林中似乎有什么了不得的东西就潜伏在离我不远的地方，正在不断地靠近地表，等待着被我发现。

　　我把注意力集中在面积只有几平方厘米的地表和植被上，用意念发出信号，想让躲在森林里的动物快快现身。它们三三两两，回应了我的要求。金属蓝的蚊子飘飘忽忽，从上方的树冠飞了下来，想要找一块没有衣物覆盖的

---

① 新生代是地球历史上最新的地质时代，从约 6 500 万年前开始，一直持续到现在。——译者注

皮肤大快朵颐；翅膀上长满了斑点的蟑螂像蝴蝶一样停在树叶上晒太阳；颜色漆黑、身上横着长满了金黄色绒毛的弓背蚁队列整齐，正快速行军，通过一片长在朽木上的苔藓。我轻轻地转了下头，之前看到的所有动物就全都消失不见了。即便把我看到的动物都放在一起计算，在那几平方厘米的范围内实际存在的生物中，它们所占的比例也只是可以忽略不计的一小部分。我所在的森林就好似一个生物大旋涡，肉眼只能看到旋涡的最外层。仅仅是在我的视野范围内，每秒钟就有数以百万计肉眼不可见的有机体失去生命。它们悄无声息，在一瞬间就告别了这个世界，没有垂死挣扎，地面上也没有出现血迹。每过一秒钟，就有大量微生物的躯体被捕食者、食腐生物分解成干净而可利用的生物化学碎片，在被吸收后产生出数以百万计的新有机体。

生态学家提出了"混沌的体系"这样一种说法，指出在生命从较低的组织程度向较高的组织程度发展的过程中，井井有条的过程会产生"混沌的体系"，之后"混沌的体系"又会产生新的有序过程。我所在的森林就好似一道盘根错节的堤坝，一直延伸到与草地交界的地方。森林内是一片生命的海洋，而我就像潜水员，在散落着各种碎屑物的海底摸索前行。然而，我心里很清楚，我身边所有的那些四散分布的碎片——森林中的有机体及种群——

都正在以极其精确的方式运转着。一小部分物种联系紧密，拥有错综复杂的共生关系，如果把其中一个物种剥离出来，那么其他物种的种群数量就会开始螺旋下降，最终走向灭绝。这是协同进化的结果——参与协同进化的物种会在多到数不清的生命周期内发生互动，其中任何一个物种的基因变化都会导致其他物种的基因发生相应的变化。在存在共生关系的森林中，哪怕仅仅是把数百种树中的某一种树全部砍倒，也会导致这种树的传粉者以及以这种树的叶子、木质为食的食草动物随之消失，之后以上述有机体为生的各种寄生生物、关键捕食者也会消失不见，把这种树的果实当作主要食物的蝙蝠及鸟类同样也有可能成为受害者——这一系列毁灭性的连锁反应要到什么时候才能告一段落呢？也许毁灭将一直持续到森林中的大部分生物多样性都消失不见的时候。在这种情况下，那种被砍伐的树木就好似石拱的拱顶石，只要拿走拱顶石，就会导致整个石拱分崩离析。另一种更有可能的情况是，移走某一个物种只会对森林产生局部影响，最终只会导致仍然生活在森林中的众多物种的总体丰度格局发生细微的变化。生态学家现在所掌握的知识仍然十分有限，所以无论事情向哪一个方向发展，他们都无法预测出最终的后果。只不过，我们在处理相关问题的时候只要把这样一种假设牢记在心就足够了，即所有的细节都会以某种不可知但却极其重要的方式产生影响，从而决定最终的结果。

太阳能被绿色植物捕获后，会开枝散叶，流向一系列不同的有机体，就好似主动脉中的血液，会经由毛细血管组成的网络抵达身体的各个部位。成千上万的物种各有各的生命周期，每一个物种都可以等同于毛细血管，是完成生命使命的重要场所。所以说，除非我们能够了解组成系统的每个物种的自然史，否则就别想搞清楚整个系统的运行原理。每一种有机体都值得研究，这是无论放在世界的哪一个角落都适用的真理。野外生态学家之所以会来到以苏里南为代表的荒野之地，去探索进化学的前沿知识，正是因为他们心中抱有这样的理念。下面的这个例子就是进化学前沿知识的典型代表：

在南美洲及中美洲的大片地区，三趾树懒以低地森林树冠层高处的叶子为食。树懒的毛发是一种名为树懒隐蛾（*Cryptoses choloepi*）的小蛾子在地球上唯一的家园。树懒下到地面排泄的时候（频率为每周一次），雌蛾就会短暂地离开毛发，在新鲜的粪便上产卵。毛虫会在孵化后用丝筑巢，开始取食粪便。三周后，毛虫化蛹成蛾，完成发育过程，向树冠的方向飞去，寻找树懒。树懒隐蛾的成虫直接以树懒为家，这样可以确保后代赢在起跑线上，在第一时间取食营养丰富的粪便，与无数其他食粪生物相比获得了不小的竞争优势。

太阳躲到了一小块云彩后面，伯恩哈斯多普附近的森林蓦然阴暗了下来。在那一瞬间，森林中自然环境的所有奇观全都变得平平无奇。太阳再次现身的时候，森林的植被表面再一次以光照强度为依据，被分割成了不同的生态位。其中包括光照强烈的生态位，比如树冠层，又如树皮表面袖珍峡谷的开口处——树皮上竖直方向的裂口就好似峡谷，只有开口处光照强烈，到了下方两三厘米的地方就会变成黑暗的"深渊"。射入森林的阳光与射入海洋的阳光一样，也会从上至下，逐渐减弱，所以说无论是树木板状根最靠近地面的凹陷处，还是表土及腐叶层的缝隙里，都是没有光亮的永夜之地。从日初起，到日落为止，森林经历了光照由弱变强，之后又由强变弱的过程，其间蠹鱼①、甲虫、蜘蛛、树虱以及许多其他生物都会根据光照的变化，或外出觅食，或返回巢穴。这些生物会以眼睛及大脑内置的感光阈值为依据来对光照强度做出反应——虽然不同动物的感光器官各有不同，但它们却都能像过滤器那样，起到相同的作用。这种与生俱来的控制机制会让各

---

① 一种怕光的无翅昆虫。——译者注

个物种表现出严格自律的习性。它们会在把竞争者的生存空间挤压殆尽前不自觉地停止种群增长，而与此同时，其他物种也会做出相同的选择。要想达成这种物种间的平衡，并不需要利他主义，而只需要物种的特化。达尔文的进化论指出，物种可以以避免竞争的方式来积累优势，而物种的共存则正是在这一进化过程中无意间产生的副产物。在漫长的进化过程中，不同的物种会渐渐地把环境分割成各自的生态位，所以在现在的生态系统中，每个物种都能够以微弱的优势抢占特定的一部分用来输送能量的毛细血管。每个物种的基因都会不断地发生变化，最终使物种在避开竞争者的同时，建立起复杂的防御机制，用来对抗多到数不清的捕食者物种，而捕食者则会发生与之相对应的基因变化，对作为被捕食者的目标物种紧追不舍。最终的结果便是，生态系统中出现了一大群令人叹为观止的特化种，比如那种把三趾树懒的毛发当作唯一家园的蛾子。

讲到这里，我们就快要触碰到生态奇迹的核心了。由于生物多样性出现的时间要早于人类，再加上人类的进化过程本身就是在生物多样性这个大背景下发生的，所以到目前为止，我们仍然对生物多样性的极限一无所知。这样一来，生命的世界就变成了人类精神中最不稳定、最具矛盾性的自然领域。在研究生命世界的过程中，我们的惊奇感表现出了指数增长的趋势：我们获得的知识越多，生命的世界就会显得越神秘，从而促使我们继续获取新的知识，而这又会反过来催生出新的谜题。上述催化反应就好似人类与生俱来的特质，会促使我们不断前行，去寻找新的环境，发现新的生命。我们可以了解自然，但却不能完全掌控自然（虽然我们希望如此）。人类探索自然的渴求是一种静静燃烧的激情，其最终目的并不是实现对自然的完全控制，而是那种在探索中不断前行的获得感。

　　在伯恩哈斯多普逗留期间，我尝试着把上述理念转化成一种能够满足我个人需求的形式。我的思绪在一个为博物学家量身定做的无尽世界中来回穿梭。我陷入沉思，在梦想的世界中沿着那条横穿稀树草原和热带森林的小径前行，想象着自己在抵达萨拉马卡河后前往河对岸，之后又朝着地平线的方向不断前进，开启了一场永不终结的探索之旅，在穿过原始森林后抵达一片又一片名字充满了魔法气息的土地——椰关纳、希瓦罗、锡里奥罗、塔皮拉佩、西奥那－西克亚、亚穆纳，在这一片片土地间来回奔走，不断地发现新的林间小道、林中空地。

　　这样的画面很有代表性，还有一些人也曾经进入相同的梦境，只是细节稍有不同，其中当数新大陆殖民时期的画卷最为生动、最具活力。只要观赏一下艾伯特·比尔兹塔德、弗雷德里克·埃德温·丘奇、托马斯·科尔在19世纪期间创作的风景画，以及与他们生活在同一历史时期，同样也经历了美国西进运动和南美洲内部探索时期的画家的作品，看到这些画作所描绘的渐渐远去的山谷和边境小路，这种探索新世界的新奇感就会扑面而来。

在比尔兹塔德的画作《约塞米蒂谷的夕阳》(*Sunset in Yosemite Valley*，1868年)中，峭壁渐渐地变成了平坦的谷底，一条小河静静地流过谷底，河两岸除了有齐腰高的草丛、灌木丛，还有零散分布着的树木。太阳已经下沉到了接近地平线的位置。最后一抹夕阳把大地染成了金红色，而靠近观赏者一侧的峭壁则开始笼罩在阴影中，变得绿里透黑。厚厚的云层刚好把峭壁的顶端吞入云雾之中，但并没有让人感受到威胁，反倒像是在守护着山谷，把它变成了连接着远方辽阔大地的通道。这个远方的世界浸没在夕阳的余晖中，要想看到那里的光景，观赏者就必须凝神注视。画中的山谷空无一人，是个安全的避风港：这里没有栅栏，没有道路，没有所有者。只消几分钟时间，我们就可以走到河边，搭建营地，之后再从河边出发，优哉游哉地向外探索。画中的景色就像是为人类探险者量身定制的，只要迈开步子，走上一小会儿就能抵达目的地，发现新奇的植物，就连画中的动物也大小正好，哪怕是保持二十步的距离，也能好好地研究一番。画作中梦境一般的景色让人觉得时间已经动了起来，正在奔向未来：明天早上会带来什么样的新发现呢？历史才刚刚开始，人类的想象力还没有被确定的地理知识束缚。只要愿意，我们就可以随时启程，穿过山谷，前往远方的未知世界，去发现遍布奇景的边境之地——在爱伦·坡激动人心的想象中，这块边境之地除了有深不见底的山谷、一望无际的大洪水，还有"峡谷、洞穴，以及人类永远都没办法搞清楚形状的巨大森林"。西进时期的美国边疆唤醒了尘封的激情，让我们体会到了自己的祖先在上一次冰期期间如何在这股激情的驱使下，掀起一场充满生命力的人口扩张浪潮，把足迹遍布了地球的各个角落。梅尔维尔在《白鲸》(*Moby Dick*)一书中提到了具有象征意义的白毛牡马，它象征着仍然没有被人类征服的西部世界，"再现了原始时代，也就是亚当仍然像神明那样昂首阔步，行走于大地之上的那段时间的荣光"。

接下来，悲剧从天而降：这样的景象已经几乎完全消失。尽管对原始自然的向往也许从人类诞生的那一天就已经产生，但在我们生活的这个年代，它却正在逐渐消散。世界各地的荒野正在遭到蚕食，变成了被租用的伐木场、腹背受敌的自然保护区。陷入绝境的荒野让我们面临着一个两难的选择，也就是历史学家利奥·马克斯口中所谓的"花园里的机器"。自然世界是精神的避难所，它遥远、静止，富饶程度甚至超过了人类的想象。然而，我们要想在这个乐园中生存下去，就必须拿起机器，把乐园撕扯得七零八落。我们正在毁坏自己深爱的东西，正在破坏我们的伊甸园，正在杀死我们的先祖、我们的预言家。人类与圈养的矛牙野猪不同，不是被迫放弃森林中本属于自己的生态位，被囚禁在充斥着人造物的世界中的自然生物。从诞生之日起，人类就从来都不是高贵的野蛮人，因为从生物学的角度来看，这完全是不可能的事情。很可能正是因为如此，人类与自然的关系才远比想象中的更微妙、更具矛盾性。人类思考能力的进化把不断成熟的文化当作背景，把创造符号和制作工具的能力当作磨刀石，经历了数千个世代，在有计划地改变环境的过程中逐渐积累了基因优势。人类大脑独特的运作方式是自然选择通过文化这个过滤器施加选择压力的结果。我们的大脑把我们置于自然与机器、森林与城市、天然与人造这一系列两极对立的概念之间不断拉扯，迫使我们不懈地寻求答案，用地理学家段义孚的话来说，就是寻求本就不存在于这个世界上的平衡状态。

正因如此，身在伯恩哈斯多普的我才会思绪万千。我的思绪向南飘去，脑海里首先出现了萨拉马卡河，接下来又出现了亚马孙盆地最深处，也就是地球上受人类活动破坏最少的那个花园的景象，但之后思绪却又突然北上，脑海里先是出现了帕拉马里博，接下来又出现了地球上最大的机器——纽约城。我能来到这片雨林，完全是靠机器的帮助，所以说，如果我真的开始认真思考自己应当如何不借助文明的力量，独自面对自然，我的注意力马上就会被迫重新面对现实。雨林好似生命的海洋，充满了各种袖珍却恐怖的生命体，用不了多久，就能把前来考察的生物学家降解成组成生命的氨基酸。粗心大意的访客会遭到虫媒病毒的侵袭，患上各种疾病，全身恶寒、腹泻不止。断骨热①会导致关节肿胀，令人痛不欲生。脚踝被荆棘刮伤后，皮肤溃疡就会以伤口为起点无情扩张。夜幕降临后，锥蝽会趁着你入睡时爬到脸上吸血，并把能够造成恰加斯病的致命微生物注入你的血液——这肯定是有史以来最不公平的物物交换。利什曼病、血吸虫病、恶性间日疟、丝虫病、棘球蚴病、盘尾丝虫病、黄热病、阿米巴痢疾、马蝇幼虫寄生后形成的血流不止的囊肿……进化让生物发展出了上百种可以把人类宿主的肝脏变成内脏杂烩，把人类的血液变成寄生虫浓汤的方法。所以说，就算是心怀浪漫主义激情的探索者也必须服用氯喹②，必须心怀感激地接受丙球蛋白③注射，必须在睡觉前挂好蚊帐，必须在蹚水跨过

---

① 此即登革热。——译者注
② 治疗及预防疟疾的药物。——译者注
③ 一种免疫球蛋白制品。——译者注

淡水溪流前穿好橡胶靴。一大早开着路虎出发前，他会希望油箱里的汽油足够一天的行程，到了黄昏的时候，他又匆匆地赶回营地，想要赶上饭点，吃口热饭。

这种被夹在自然与机器之间进退两难的困境完全不会令我们的祖先感受到任何困扰。在过去长达数百万年的历史中，人类只是在单纯地使用自己能够掌握的所有手段在自然中求生存，觅食以果腹，设法抵抗捕食者，一生的时光全都在一个方圆区区几千米的已知世界内度过。生命是短暂的，命运是可怕的，而生育则是人生的头等大事：由于每时每刻，家庭成员似乎都面临着死亡的威胁，所以哪怕毫无节制地繁衍后代，新生儿的数量也不过是刚好能填补逝者留下的空缺。人口数量维持着微妙的平衡，不断地上下波动，有时甚至会出现整个群体全部死亡的情况。自然完全是外在的事物，它既没有名字，也没有边界，被视为一股必须与之对抗，必须哄骗，必须设法利用的力量。

就算人类手中的机器没有做出任何让步，机器的力量也会显得太过弱小，完全没有可能征服荒野。然而，这完全不是问题：对机器与自然这两种针锋相对的理念模棱两可的认识可以成为一种绝佳的生存策略，只要用它来求生的人类足够无知，就不会造成任何困扰。它促进了人类的基因进化，催生出了更强大的大脑，产生了更丰富、更优秀的文化。自然界开始步步后撤，先是对农耕人口做出让步，之后又在技师、商人和环球航海家的进攻面前节节败退。人类把亲近自然的本性抛诸脑后，开始以越来越快的速度奔向与自然对立的机器。现如今，我们已经快要抵达道路的尽头。我们的内心深处开始喃喃自语：**你做得太过分了**，你已经扰乱了这个世界，已经因为想要控制这个世界而对机器做出了太多的让步。霍布斯对地狱的定义[①]也许完全正确，而机器的地狱则正是我们因为迟迟无法认清现实而必须付出的代价。然而，我必须对上述论调提出异议。我要在这里做出完全相反的论断：人类现在掌握的知识一方面让我们认识到了自己已经深陷危机，但另一方面又暗含着破解危机的金钥匙。让我们假设自己是野外生物学家，现在在地上铺好了白布，在布上摊开了一抔泥土、一把落叶，正准备仔细检查一番。这一抔泥土、一把落叶虽然一点都不起眼，但与所有其他（没有生命的）行星的整个表面相比，它却拥有更复杂的秩序、更丰富的结构、更特殊的历史。它是一片袖珍的荒野，哪怕用一辈子时间来探索，我们也无法揭开它所有的秘密。

用镊子轻轻地拨开粘连在一起的泥土，你就会发现开

---

① 英国哲学家托马斯·霍布斯在《利维坦》一书中指出，地狱是太晚发现的真相。——译者注

花植物相互交错的根须紧紧地盘绕着腐殖质，你也许还会发现一些个头更大的物体，比如形似小船的种子外壳。十有八九，你还会在这些物体中间发现包括蚂蚁、蜘蛛、弹尾虫、甲螨、线蚓和千足虫在内的多种生物——它们把毫米当作丈量世界的单位，在它们看来，白布上的这份土壤样品就是一片值得探索的原野。如果把样品放在立体显微镜下，把图像的大小放大到线虫的尺度，你就会发现一个全新的世界，看到数量众多的食腐生物，以及长着獠牙以食腐生物为食的捕食者。然而，在这个可以置于掌中的微型世界中，与其他生物相比，上述生物也仍然是庞然大物。样品中种类最多、数量最大的生物是那些用肉眼几乎看不见的有机体。如果继续放大这份由土壤和落叶组成的样品，首先使用复式光学显微镜，之后再动用扫描电子显微镜，你就会发现腐叶的碎片被放大成了山脉和峡谷，而土壤颗粒则变成了成堆的巨石。卡在根须间的小水滴被放大成了地下湖泊，而水滴周围富含水分的腐殖质则变成了三维的沼泽地。划分生态位的因素除了有"地形"，还有在不到 1 毫米的范围内不断发生细微变化的化学条件、光照和温度。在这样的放大倍率下看到的有机体太过微小，以至于对它们来说，这份土壤样品就是一个完整的小世界。我们还能够在样品的某些角落找到真菌：细胞黏菌、能够产生甲壳素的单细胞壶菌、微小且只生存于土壤中的节水霉和卵菌，以及梳霉、外毛菌、内孢霉、捕虫霉。普通人对真菌有着刻板的认知，认为它们是没有固定形状的团块，但实际情况却恰恰相反——真菌是结构精密且拥有复杂生命周期的有机体。下文描述的是一个最近发现的真菌进行极端特化的案例，可以被视为树懒隐螟生命周期的微缩版：

　　属于卵菌门的奇异缚舌菌（*Haptoglossa mirabilis*）在成熟后会形成攻击细胞，潜伏在土壤的水膜及水滴中，伏击一种体态肥胖、形似蠕虫，被生物学家称作轮虫的微小生物。攻击细胞就好似一杆枪：细胞的前端拉长，形成枪杆，而其内部的中空结构则形成了枪膛。枪膛的底部设有复杂的爆炸装置。只要有轮虫游到附近，攻击细胞就会在探测到轮虫的特殊气味后，经由枪管发射具有感染性的组织，把它注入轮虫体内。进入受害对象体内后，真菌细胞首先会在其身体组织中不断增殖，然后就蜕变为圆柱状的子实体①，之后再在子实体表面形成排出管。接下来，子实体内部分离出的微小孢子就会在鞭毛的帮助下向排出管外游动，在离开子实体后找地方安家落户，开始形成新的

————————

① 高等真菌的产孢构造。——译者注

攻击细胞。此后，攻击细胞就会伏击更多的轮虫，时刻准备扣动扳机，用无声的爆炸来开启下一个生命周期。

与这些寄生性的真菌相比，细菌的体形还要小得多，比如能够形成菌落、以其他细菌为食的特化捕食者多囊菌。多囊菌菌落的周围生活着种类繁多的杆菌、球菌、棒状杆菌、黏液固氮菌。这些微生物相互间存在合作关系，能够代谢各式各样的活体组织和死组织。在研究者发现菌落的时候，其中的一些细菌正在生长分裂，而另一些则处在休眠状态，等待着环境中的营养化学物质组成变得适宜自身生长的时刻。恶劣的环境就好似一把标尺，迫使菌落中的所有细菌都处在平衡状态。如果不加任何限制，那么菌落中的任何一种细菌都可能呈指数级增长，只要短短几周的时间，其重量就会超过整个地球。然而，在现实中，每一个微生物个体都只能溶解吸收恰巧掉落到附近，且其中营养物质适于自身利用的动植物碎片。如果找到了分量够大的食物，细菌就有可能生长增殖，但过不了多久，它就会因为营养耗尽而恢复常态，也就是生理上的静止状态。

如果用尽可能简略的语言来形容上述发展，那么我们可以认为生物学家正在进行第二次大探索，进入了另一片名字充满魔法气息的土地。在探索生命的过程中，生物学家踏上了具有开创意义的探险之旅，哪怕穷尽想象力，也无法预知旅途的终点。生物学家进入的世界越是微观，有机体的多样性就越丰富，整个过程就好似在探索一座底盘变得越来越大的阶梯金字塔。一抔泥土、一把落叶不仅是数以百计的昆虫、线虫以及其他相对较大的生物的家园，同时也为数以百万计的真菌、数以百亿计的细菌提供了居所。所有这些不同物种的有机体都拥有与众不同的生命周期，而每一种生命周期则都像上文描述的捕食性真菌的生命周期那样，能够与物种所在的那部分微环境完美契合，保证对应的物种可以在对应的微环境中繁衍生息。有机体之所以能够天衣无缝地与环境契合到一起，是因为所有有机体的生命历程都已经一字不差被编写成了由核苷酸——基因的最小分子单位——序列组成的程序。

我们可以把比特当作单位，来衡量核苷酸序列储存的信息量。1比特的信息可以用来决定两件同样有可能发生的事件中到底哪一件会实际发生，比如掷出硬币后，硬币是正面朝上，还是反面朝上。英文单词里面的字母平均会占据2比特的空间。一个细菌拥有大约1 000万比特的遗传信息，一个真菌拥有10亿比特的遗传信息，而昆虫则根据种类的不同，拥有最少10亿比特、最多100亿比特不等的遗传信息。如果把一只昆虫——如一只蚂蚁，或一只甲虫——的遗传信息翻译成英文，之后再用标准字体打印出来，那么这串英文字符的长度就会超过 1 000 英里 ①。上文提到的那个土壤样品所包含的遗传信息差不多刚好能填满所有 15 个不同版本的《不列颠百科全书》（*Encyclopaedia Britannica*）。

　　要如何形象地描述上述分子信息的功能呢？我们可以把目光投向在南美洲雨林的地面上排着整齐队列急行的蚂蚁。一些负责觅食的工蚁背上趴着体形小得多，通常只在地下育儿室工作的另一种工蚁。为什么一种工蚁会搭另一种工蚁的便车，这背后全部的原因和意义仍然是未解之谜，但至少有一点可以肯定，就是这样做可以减少寄生虫对蚁穴的侵扰。负责觅食的工蚁在赶路的时候，蚤蝇科一种微小的飞蝇会在它们上方盘旋，时不时地俯冲下来，在工蚁的脖子上产卵。接下来，蝇卵会孵化成蛆，在工蚁的身体里越钻越深，把工蚁生吞活剥。蝇蛆生长迅速，很快就会化蛹变成成虫，最终咬破蚂蚁的角质层，开始新的生命周期。对准备进行俯冲轰炸的飞蝇来说，那些衔着食物碎片的工蚁是尤其容易得手的目标。然而，如果目标的背上有另一种工蚁搭便车的话，这只工蚁的颚和腿就会变成驱赶入侵者的武器。换言之，我们可以把它看作一把活的拂尘。

────────────

① 1 英里≈1.6 千米。——编者注

无论是想要产卵的飞蝇，还是被当作拂尘的蚂蚁，如果用解剖刀取出它们的大脑，将其置于载玻片上的生理盐水中观察，你就会发现，整个脑子也就只有一粒砂糖那么大。尽管载玻片上的昆虫大脑已经小到了几乎很难用肉眼看清的程度，但它仍然是一个完整的指令中心，可以控制着昆虫完成生命周期成虫阶段的所有必要环节。它可以发出信号，让成虫在特定的时间破蛹而出，误差不会超过一小时；它可以处理外部感知器官传递来的信息洪流；它可以利用神经系统来控制腿部、触角、颚，从而指挥昆虫完成大约 20 种不同的行为。飞蝇和蚂蚁都拥有本物种特有的硬件设备，正因如此，它们的形态和行为才会表现出如此巨大的差异——飞蝇是不达目的誓不罢休的捕食者，会一直把蚂蚁当作猎物；飞蝇的行动方式是飞行，而蚂蚁的行动方式是奔跑；飞蝇是独行侠，而蚂蚁全都是蚁群的成员。

　　人类借助先进的科学技术，已经有能力探索昆虫的神经系统，获得足够精确的信息，把整个系统转化成接线图。昆虫的大脑拥有数十万到上百万的神经细胞，其中绝大多数细胞都拥有胞突，会通过胞突与临近的 1 000 个甚至更多的神经细胞相连。神经细胞似乎遵循着某种程序，会根据位置的不同呈现特定的形状，并且只有在受到临近细胞传送来的编码电信号的刺激后才会传递信息。整个神经系统已经在进化的过程中把微型化做到了极致。在体形较大的昆虫的体内，包裹轴突的脂肪鞘已经基本上完全消失，而神经细胞则拥有大量的神经连接，只给胞体在神经连接的一侧留下一小块空间。生物学家已经对昆虫的大脑作为内置计算机的工作原理有了大体的认知，但无论是想要搞清楚这台计算机的具体运作过程，还是想要制作出复制品，都必须进行大量的后续研究。

伟大的德国动物学家卡尔·冯·弗里希最喜爱的有机体是蜜蜂，曾经把蜜蜂比作魔井：你从井中获取的知识越多，你就越发现井内还有更多的知识待发掘。然而，除此之外，科学完全没有其他神秘之处。科学拥有明确的社会架构，任何人都可以密切关注大部分科学议题，即便不能成为参与者，也可以成为旁观者，之后用不了多久，你就会发现自己已经抵达了知识王国的边境线。

你应当把现有的知识当作出发点：如果要研究蜜蜂，那么你的出发点就应当是蜜蜂的筑巢地点、觅食方式、生命周期。人类在这一层面上最了不起的是冯·弗里希发现的"摇摆舞"——外出觅食的蜜蜂在归巢后会以一边摇动尾部、一边摆动的方式来传递信息，让同伴了解新发现的花田及筑巢场地的位置。蜜蜂的舞蹈语言是动物界目前已知最接近真正的符号语言的沟通方式。用舞蹈语言传递信息时，蜜蜂会接连在蜂巢的竖直面来回行走一小段距离，而其他工蜂则会成群结队，紧随其后。走完直线后，蜜蜂并不会直接返回起点，而是会先绕到直线的左侧，再绕到直线的右侧返回，形成数字"8"的形状。蜜蜂用来传递信息的符号是把"8"字拦腰截断的那条直线。直线的长度代表着蜂巢与目的地之间的距离，而直线与蜂巢内竖直方向——换言之，也就是与 12 点方向——的角度则表示在把太阳当作参照点的情况下，其他蜜蜂在离开蜂巢后应当向右飞，还是向左飞，以及飞行路线与太阳之间的角度。如果传递信息的蜜蜂沿着竖直方向舞动，那么就是，其他蜜蜂应当朝太阳的方向飞去。如果它向右偏了 10°，那么其他蜜蜂就应当把太阳当作参照点，向偏右 10°的方向飞行。仅仅是依靠这样的位置信息，蜂群的其他成员就可以前往距离蜂巢 3 英里甚至更远的花田，去采收花蜜、花粉。

摇摆舞的发现为更深层次的生物学研究指明了方向，但同时也提出了数以百计的新问题。蜜蜂是如何在一片漆黑的蜂巢里搞清楚重力的方向的？要是乌云挡住了太阳，那蜜蜂会用什么当参照物呢？舞蹈语言是可以遗传的本能，还是必须后天习得？这些问题的答案会催生出新的理念，而这些新理念又会让我们发现更多的未解之谜。要想解开谜团（此时，我们肯定已经站在了蜜蜂研究的最前沿），研究者就必须真正地深入蜜蜂体内，去探索它的神经系统，去了解蜜蜂激素与蜜蜂行为之间的交互关系，去搞清楚蜜蜂的神经系统到底是如何处理化学信号的。比起一眼就能观察到的在蜂巢外部的行为模式，在细胞和组织的层面上研究蜜蜂身体内部的运行机制是一件在技术上更具挑战性的工作。从这个角度来看，摆在我们面前的蜜蜂是一台极其精密的生物机器，哪怕只是想搞清楚一个部件——翅膀、心脏、卵巢、大脑——的运行机制，也要花上好几个世代的时间来开展原创性的研究。

接下来，如果我们设法完成了上述研究，这也仅仅意味着人类踏上了探求生物机器本质的旅途，将要去了解细胞的内部构造以及那些组成不同细胞器的巨型分子。此时，与生物化学过程及其意义相关的问题就会成为我们关注的焦点。到底是什么原因会令某个特定的胚细胞成为大脑的组成部分，而不是呼吸系统的组成部分呢？在正在生长的受精卵中，母亲的血液为什么要把卵黄包围起来？控制行为的基因到底在哪里？就算我们取得意想不到的成功，掌握了与这个微观世界相关的所有知识，我们的探索之旅也仍然前路漫漫。西方蜜蜂（*Apis mellifera*）是一段特殊历史过程的产物。我们通过岩石和琥珀中保存的化石了解到，蜜蜂的演化过程已经超过 5 000 万年。现代蜜蜂的基因由多到数不清的事件塑造而成，在此过程中，组成蜜蜂基因的核苷酸不断经历分拣和重组。蜜蜂之所以能演化，是因为它们每时每刻都会与环境中的上千种其他动植物发生互动。在非洲及欧亚大陆上，蜜蜂的分布范围时而扩张，时而收缩，让人联想到人类部落的兴亡盛衰。但人类仍然几乎对蜜蜂的这段历史一无所知。1609 年，查尔斯·巴特勒成为对蜜蜂进行现代科学研究的第一人——我们所有人都有这样的机会，只要我们对蜜蜂特别感兴趣，就都可以去追寻巴特勒口中的那个"最甜蜜的至尊果实"。

每一个物种都是一口魔井。不久前，生物学家还都认同这样一个估算，即地球上有 300 万到 1 000 万个物种。如今，许多生物学家都已经认为，1 000 万这个估值实在是太低了。生物学界之所以会上调对物种数量的估算值，是因为人类对热带雨林树冠层这个地球上最后一片尚未探索的绿洲有了越来越深入的了解，出乎意料地发现雨林树冠层是大量新物种的家园。树冠层距离地面大约 100 英尺[①]，是一片由树枝、树叶、花朵组成，藤本植物在其中纵横交错的海洋。树冠层是最容易定位的生境之一——至少如果你是从远处眺望，情况就的确如此——但它同时又紧邻着最难以抵达的深海。雨林树木的树干又粗又直，表面不是滑如冰面，就是长满了尖锐的树瘤。所有沿着树干攀爬、前往树冠层的探险家在安全抵达后，又都必须忍受疯

---

① 1 英尺等于 30.48 厘米。——编者注

狂叮咬的蚁群、蜂群。少数身强力壮，且具有冒险精神的青年生物学家已经开始设法克服困难，在雨林中架设专用的滑轮设备、绳索走道，以及可以让自己远远地观察树栖动物，不会遭到蚊虫叮咬的观察台。另一些生物学家运用杀虫剂和能够快速起效的晕眩剂，找到了获取昆虫、蜘蛛以及其他节肢动物样本的方法。他们首先向树冠层发射绳索，之后把装有化学物质的罐体沿着绳索升到树冠层的高度，最后再利用遥控装置向周围的植被喷洒化学物质。接下来，生物学家就可以用预先铺在地面上的塑料布收集掉落下来的昆虫及其他有机体了。用上述两种方法发现的新物种在取食习惯、在树木上的生存地点、一年间的活跃时间这三个方面都具有高度特化的特点。正因如此，雨林的树冠层才会有如此众多的物种共存，令物种多样性高到了出人意料的程度。仅仅是一棵树的树冠就可以为数百个不同的物种提供舒适的家园。美国国家自然博物馆的昆虫学家特里·L.欧文以上述数据为依据，做出初步的统计学预测，之后再以预测结果为基础做出估算，指出地球上也许总共有 3 000 万种昆虫，其中的大部分都把雨林的树冠层当作唯一的家园。

尽管像欧文那样，对生物多样性进行粗略的估算并不是十分困难的事情，但想要搞清楚地球上到底有多少物种却仍然是一件不可能完成的任务，因为——这也许令人难以置信——地球上的大部分物种都仍然有待发现，更不要提成为博物馆的藏品了。此外，在那些已经被命名分类的物种中，就研究的透彻程度而论，能够与蜜蜂相提并论的也就只有区区十几种。就连我们本身，也就是智人（*Homo sapiens*）这个每年都会消耗数以十亿计美元研究经费的物种，看起来也仍然是一个永远参不透的谜团。正如韦尔科①在《你应当了解他们》（*You Shall Know Them*）一书中指出的那样，人类所有的烦恼也许正是源于我们既不知道自己到底是什么，也无法就自己想要走向何方达成一致。除非我们能够更好地了解孕育了人类、维持着人类生存的生物多样性，否则我们很有可能永远都无法弥补这个致命的缺憾。我们还有什么理由裹足不前？这是一个我们触手可及的前沿领域，也是一个为我们的探索精神量身定做的前沿领域。

　　我继续在伯恩哈斯多普附近的雨林中前行，琢磨着今天的探索会带来什么样的新发现。我在一段朽木中发现了一种蚂蚁，这个物种之前仅在特立尼达岛上一个伸手不

---

① 韦尔科是法国作家让·布吕莱的笔名。《你应当了解他们》是布吕莱创作的科幻小说，里面讲到人类学家前往新几内亚寻找人类进化"缺失的一环"（过渡化石），结果反倒找到了一种全新的类人猿。——译者注

见五指的洞穴深处有过发现报告。我拿起手持放大镜，观察到了这个物种独特的牙齿、棘刺、身形组合，从而确定了它的身份。一个月前，我在特立尼达岛中部的丘陵地带跋涉了5英里，在科学家最早发现这种蚂蚁的地下生境中与它们首次见面。一个月后，它们又突然冒了出来，在光天化日下筑巢、觅食。学界一度认为这种蚂蚁是地球上唯一一个"真正的"穴居蚁物种——其工蚁呈淡黄色，几乎没有眼睛，动作也十分迟缓——但现在我们却要把它从这个分类列表中删除。这种蚂蚁的学名 *Spelaeomyrmex*（字面意思为"洞穴蚁属"）也必须做出调整，不能继续留在这个属的分类层级中。我心里很清楚，它只能被重新分类，划分到 *Erebomyrma*（哈得斯蚁属）这个更大、更常见的属中去。这是一场小而快的胜利，其成果之后会在相关领域的学术期刊上刊登出来，读者也许只有十几位志同道合的蚂蚁学家。我转过身来，看到了一些眼睛巨大、名字威猛的蚂蚁——破坏硕眼山蚁（*Gigantiops destructor*）。我拿出一只刚死的白蚁，放到一只正在觅食的硕眼山蚁嘴边。它马上就叼着白蚁，在林地上沿着直线撒腿就跑。在30英尺开外的地方，它钻到一根中空的、在腐烂的树叶下半遮半掩的小树枝里面，消失不见了。我扒开树枝，在正中心的腔室中发现了十几只工蚁和一只蚁后——这个蚁穴可以被列入这种不寻常的昆虫有记载以来被发现的第一批蚁穴。总的来说，这一整天探索的成果要高于平均预期。接下来，我就好似一个想要找到黄金，不愿放过任何一块矿石样品的探矿者，又收集了几个看起来比较有希望的样品，把它们保存在装满乙醇的小瓶里，之后便打道回府，在穿过村庄后踏上了向北通往帕拉马里博的柏油路。

此后，我把这一天的经历定格在了记忆中，会时不时地回忆起某个片段，仔细地分析其中的细节。平平无奇的事件就这样被套上了一层象征主义的外衣，而我从中得出的结论是：博物学家的旅程才刚刚开始，而且从各个方面来看，这都是一段永远也不会结束的旅程。博物学家可以像麦哲伦环球航行那样，把一棵树的树干当作整个地球，用一辈子时间来开展研究工作。博物学家对自然的探索越是深入，就越会发现这是一段扣人心弦，能够引起精神共鸣的探索之旅。如果这一切都是正确的，那么我们就有可能证明，博物学家的愿景只是每一个人都拥有的亲生命本能的一种特殊产物，只要能够详尽地阐述这一愿景，就能够让越来越多的人获益。人类之所以地位显赫，并不是因为我们高高在上，可以俯视众生，而是因为我们可以了解其他生物，从而把生命的概念抬升到新的高度。

2

第二章

超有机体

The Superorganism

1983 年 3 月，我回到南美洲，准备开展一个以热带蚂蚁为研究对象的新项目。我感兴趣的是，蚂蚁这种昆虫是如何利用信息传递系统和劳动分工来适应自己所在的环境的。我行程的第一站是由世界自然基金会主持的"生态系统最小临界规模项目"设在亚马孙雨林内，位于巴西城市马瑙斯以北 60 英里处的实验场地。与我同行的托马斯·洛夫乔伊年富力强，在 20 世纪 70 年代末提出了开展"生态系统最小临界规模项目"的设想，是世界自然基金会美国分会主管科学的副主席。我们加入了一个由研究者、学生、助理组成的研究队伍，每周轮换一次，往返于马瑙斯与实验场地之间，开展研究工作。我们很快就建立起了诚挚的同事情谊；隐隐的价值认同感把我们牢牢地团结在一起，几乎没有人讨论我们为何会在雨林深处这样一个正常人连想都想不到的地方齐聚一堂。我们总是把各种各样的有机体挂在嘴边，张口闭口全都是各种技术细节。

我们的东道主可不是普通的野外生物学家。要是遇到那些在伯克利、安阿伯[①]和剑桥之类的城市拥有舒适的办公室，恰巧在休假的普通学者，你就会发现他们喜欢咬文嚼字，对所有问题都抱有批判性的保留态度，但我们的东道主完全没有这样的做派。他们举手投足间散发着强烈的自信，所有行动都以目标为导向，虽然显得有点粗鲁，但却一点也不招人嫌，这不禁让我在他们身上看到了一点我在澳大利亚和新几内亚遇到的移民的影子（同样地，他们也让我回想起了一位曾经共事过的以色列生态学家——我们结束了前往死海的实地考察，正在返程的路上，他突然指了指一栋房子，告诉我他在 1967 年的战争[②]中是个连长，而那栋房子就是他的连指挥所）。尽管世界自然基金会的经费捉襟见肘，但基金会的亚马孙雨林项目却仍然是一项真正意义上具有开创性的大工程。该项目的计划运行时间将一直持续到 21 世纪，目的是回答生态学及自然保护实践领域的一个关键问题：野生动物保护区的规模到

---

① 密歇根大学总校区所在地。——译者注

② 第三次中东战争。——译者注

底要大到什么样的程度，才能起到永久保护的作用，可以让保护区内的绝大部分乃至全部动植物物种不断地繁衍下去？

我们都知道，如果某个物种失去了一部分分布区，这个物种就更有可能灭绝。我们可以用并不十分精确的数学术语来表达这种现象，即在给定的一年时间内，如果一个有机体种群损失的生存空间越多，种群数量与此相对应的下降幅度越大，那么这个种群灭绝的可能性就越高。所有的种群都会出现一定程度的数量波动，但与数量在较高水平上波动的种群相比，那些数量一直围绕着最低限度波动的种群更有可能出现断崖式下降，直至种群数量完全归零。举例来说，与一个分布区面积为 10 000 平方英里，种群数量为 1 000 只的灰熊种群相比，一个分布区面积仅为 100 平方英里，种群数量仅为 10 只的灰熊种群走向种群灭绝的速度很可能要快得多；那个数量为 1 000 只的灰熊种群能够繁衍数个世纪的时间，而从我们人类日常的时间尺度来看，无异于这个灰熊种群可以永远地存续下去。

这条简单的自然规律对自然保护区的设计工作有十分重要的指导意义。如果我们决定保留一片原始森林，把周围的森林全部砍伐掉，那么这片森林就会变成一座被农田围绕的孤岛。这座孤岛的处境与四面环海的波多黎各岛、巴厘岛十分相似——它失去了与其他自然陆地生境的绝大部分联系，导致有机体几乎无法继续从其他陆地生境迁入。在之后的数年间，保护区内的动植物物种数量会下降到一个可预测的新水平。即便人类一直都没有砍伐保护区中的任何一棵树，保护区的物种多样性也仍会不可避免地出现一定程度的下降趋势。这种物种多样性自然下降的趋势给生态学家出了一道技术难题，只能靠制定风险极高的折中方案才能找到破局之路。为保护区制定方案时，生态学家必须缩小保护区的面积，从而把保护成本控制在经济上可接受的范围之内。他们肯定不能把整个国家都划定为保护区。反过来讲，他们又必须守住底线，确保保护区的面积能够为受保护动植物的生存繁衍提供足够的支持。他们的任务是，证明保护区的面积不能小于某一下限，并尽可能完整地列出这样一个保护区都能保护哪些物种，以及这些物种大约可以获得多长时间的保护。

马瑙斯以北的热带雨林与亚马孙盆地许多其他地区的雨林一样，也在被人类以从周边开始，不断向内蚕食的方式皆伐。人类对雨林的砍伐就好似卷地毯——地毯被卷起后留下了光秃秃的地板，而雨林被皆伐后则变成了大片的养牛场、庄稼地，如果到了两三年后，还想让土壤保持最低限度的生产力，就只能依靠人工施肥。与宾夕法尼亚州及德国的落叶林相比，巴西的热带雨林在关键资源的分配方式上存在着本质性的差别。与落叶林相比，在热带雨林中，树木储存的有机物质在有机物质总量中所占的比例要高得多，所以雨林的落叶层及腐殖层的厚度只有区区几英寸①。只要有人毁林烧荒，赤道附近的暴雨很快就会把这层薄薄的表土冲得一干二净。

我早已经掌握了上述常识，但马瑙斯周围的雨林刚刚遭到砍伐后的景象还是令我震惊不已。光秃秃的红黏土洼地，山丘上到处发黑的树桩，看起来像极了硝烟刚刚散去的战场。白蚁在倒伏的树木中修建球形蚁丘，开始了一种注定以悲剧收场的爆炸式种群增长模式，而雨林中种类繁多的鸟类则大都消失不见，只有秃鹫和雨燕不断地在上空盘旋，变成了雨林鸟类仅存的代表。皮肤像枯骨一样苍白的牛成了雨林绚丽多彩的物种多样性孤独的继承者，三五成群，聚集在四散分布的水洼旁。快到正午的时候，光秃秃的地面反射阳光，掀起的热浪扑面而来，让人觉得自己像是挨了当头一棒。与附近绿树荫荫、曲径通幽的雨林相比，这完全就是另一个世界，不断地提醒着我们现场到底发生了什么样的惨剧：成千上万的物种销声匿迹，就好像被一只巨大的手掌一扫而空，当地的物种多样性即便不是完全消失，也要花上好几个世代的时间才能恢复常态。我们也许可以（勉强地）站在经济的角度为这样的行为辩护，

---

① 1英寸≈2.54厘米。——译者注

但这就好似把文艺复兴时期的名画当作柴火来生火做饭。

　　巴西当局把以下逻辑论证过程当作依据，批准了开荒计划：巴西东北地区地少人多，贫困问题严重，而亚马孙地区则面积广阔且无人居住，所以只要把这两者结合起来，就可以建设一个强大的国家。只不过，巴西政府官员同样也很清楚这样做会造成环境退化问题。近年来，巴西政府受到以沃里克·克尔、保罗·诺盖拉·内托、保罗·万佐利尼为代表的生态学家的影响，已经开始制定生态保护政策。现如今，按照相关法律的规定——这套法律至少在原则上是能得到遵守的——开荒计划必须保留一半的雨林。另一件意义同样重要的事情是，政府在那些学界认为动植物数量最多的关键地区建立了不下 20 个亚马孙自然保护区及自然公园。大部分亚马孙保护区、亚马孙自然公园的面积都大于 1 000 平方英里——普林斯顿大学的约翰·特伯格教授及这一领域的其他专家认为，如果把保护区建立时的物种数量当作基点，想要在之后的一个世纪间把物种的消失比例控制在 1% 以内，那么 1 000 平方英里就是保护区面积的最低门槛。换言之，这套方案的目的是，确保到了 2100 年时，在每 100 个受保护的物种中，仍然有 99 个物种在保护区内生存繁衍。只要保护区的面积高出这个限度，不仅珍稀的兰科植物、猴子、河鱼，以及巨嘴鸟、金刚鹦鹉这两种毛色艳丽、象征着巴西令人赞叹的活力的鸟类都能繁衍生息，就连角雕、美洲豹这两种单个个体至少需要 3 平方英里的领地面积才能存活下来的顶级捕食者也保有生存的希望。

然而，无论在巴西其他地区，还是在南美及中美洲其他人口密度更高的国家，那些面积更小的保护区都被这道门槛挡在了门外。在马瑙斯开展研究工作的美国及巴西科学家正在设法用以下方式来解决这一问题。砍伐区的边缘是一望无际、几乎没有任何间断一直向北延伸到委内瑞拉的雨林，而科学家则把这片边缘地区当作实验场地，划出 20 个从小到大，最小面积 1 公顷，最大面积 1 000 公顷的地块。他们会展开调查研究，搞清楚每个地块内都有哪些包括树木、蝴蝶、鸟类、猴子及其他大型哺乳动物在内，最容易鉴别及监测的大型有机体。接下来，他们会在土地所有者的协助下监督指导地块周围森林的砍伐工作，把地块变成被新开垦的农田环绕的森林孤岛。上述调查研究的开始时间是 1980 年，并将持续多年。由此获得的数据最终会给出下列问题的答案：第一，与较大的孤岛保护区相比，较小的孤岛保护区的物种流失速度到底快了多少；第二，哪些动植物物种会以最快的速度发生种群衰落；第三，那些发生快速种群衰落的物种为什么会走向灭绝；第四，也是最重要的一点，能够保留大部分生物多样性的最小地块面积到底有多大。这些是现代科学到目前为止所面对的最复杂的问题，而在我看来，同样也是最重要的科学问题。

　　我们乘坐世界自然基金会的卡车，抵达了一个位于埃斯特尤农场，设在雨林内同时又紧贴雨林边界的营地——这是一处实验场地，生物学家正在这里开展最小临界规模项目的一项前期调研工作。营地完全符合项目赞助者的理念，是一片袖珍林间空地。空地上除了一个只能容得下几张吊床的临时掩蔽所，就只有一间用来煮饭的窝棚，以及一个用来生火的地方。让我大喜过望的是，我发现自己早上只要翻身下床，走上二十步，就可以进入原始雨林。之后的五天，我除了吃饭，一直都待在森林里，甚至还把睡觉的时间压缩到了能够维持精力的最低限度。

　　1832年，在里约热内卢附近首次领略热带雨林的风采时，达尔文感觉自己就好像置身于大教堂（"惊叹、崇高的敬意，令人心旷神怡"）——这同样也是我的感受。我终于可以再一次目不转睛地盯着树干上一段只有几厘米长的树皮，地面上只有几厘米见方的泥土，花上大把时间来开展研究，每一次转换目光都会发现新的有机体。雨林里寂静无声，通常都要过上好一阵子，才会有声音打破寂静，而这恰恰证明，笼罩着雨林的生命力到底有多么强大。我每天都会有好几次听到也许最具有热带原始森林特色的声音：首先是类似步枪发射时清脆枪响的声音，接下来是呼呼的风声，最后是"砰"的一声闷响。这意味着在雨林的某处，一棵参天大树寿限已到，树干腐烂，树冠上层层叠叠的藤蔓导致头重脚轻，在那一瞬间轰然倒伏，结束自己长达数十年甚至数百年的生命。树木倒伏是不断发生的随机事件，只能算作平静的雨林中的点点涟漪。树木倒伏时，粗壮的树干要么折断，要么完全倾覆，像杠杆一样，翘起庞大的根系，令其完全暴露在外，而它的枝杈则好似一部庞大的犁，以惊人的速度扫过临近树木的树冠，在落地时除了发出雷鸣似的声响，还会掀起一团由树叶、长长的藤蔓、四散逃逸的昆虫组成的云雾。雨林的探索者无论身在何处，其听觉所能感知的范围内都多半有10万棵树木，所以在一天时间内听到树木倒伏的声音的确是大概率事件。然而，因为站得太近而被倒伏的树木砸到、剐蹭到的概率可就小得多了，甚至比起不小心踩到毒蛇，或者在经过小径的转弯处后发现眼前恰巧有一只带着幼崽的雌性美洲豹的概率还要低。但话说回来，如果把一辈子的时间都计算在内，那么风险就会累加起来，比如每天都乘坐单引擎的飞机，那么遭遇坠机事件的风险就会变得不容忽视，所以那些整年生活在雨林中的人都会把倒伏的树木视作重要的风险源。

我大部分时间都在马不停蹄地工作，想要尽快完成自已设想的那几个研究项目。我就好像在圣诞节早上打开礼品盒那样掰开原木、掰断树枝，被那些种类多到数不清，被我惊扰到一溜烟儿地逃跑，想要找地方避难的昆虫及其他小动物深深地吸引。在这些有机体中，没有任何一种会让我反感；其中的每一种生物都惊艳无比，而且还都拥有各自的名字以及独特的意义。博物学家的特权是，他们可以在几乎所有种类的动植物中选出心仪的对象进行调研，只需要相对较短的时间就能开始有意义的工作。热带雨林充斥着成千上万的人类几乎一无所知的物种，就数量而论，每个研究者每天在雨林中的新发现很有可能要超过在地球上其他任何角落的发现。

就像是要用最戏剧化的方式印证上述论断一样，我刚到埃斯特尤农场，就发现了自己最想找到的昆虫种类，整个过程不费吹灰之力，就像是它主动爬到了我的脚边一样。我想要研究的这种昆虫名叫切叶蚁（*Atta cephalotes*），是新大陆热带地区最常见、在视觉上最有冲击力的动物之一。切叶蚁在当地俗称 *saúva*（遮阳伞蚁），是新鲜植被的主要消费者，就植被的消耗量而论，只有人类能够与之一决高下，同时也是对巴西的农业危害最大的害虫之一。此前，我已经投入了多年的时间，专门在实验室里研究切叶蚁，但却从来都没有在野外进行实地研究的机会。在抵达营地的第一天，到了夜幕降临，阳光渐渐黯淡，已经很难看清楚地上的小物件的时候，第一批切叶蚁工蚁迈着坚定的步伐，从周围的森林里跑了出来。它们的身体呈砖红色，身长大约 0.25 英寸，身上长满了又短又尖的棘刺。只过了几分钟时间，就有数百只切叶蚁来到了营地所在的林间空地，分成参差不齐的两列纵队，从左右两侧绕过为吊床遮风挡雨的掩蔽所。在经过林间空地的过程中，它们几乎一直都在走直线，就好似空地的对面有一盏指路明灯，而它们脑袋上的一对触角则在不断地探测左右两个方向的环境。一个小时后，已经有十数只切叶蚁并排而行，把切叶蚁的"溪流"变成了两条由数以万计的切叶蚁组成的"河流"。只要打开手电筒，就能轻而易举地搞清楚"河流"的流向。"河流"的源头距离营地 100 米，是一个巨大的土制蚁穴。切叶蚁离开蚁穴后一路下坡，经过空地后，便再一次消失在了森林中。我们连滚带爬，穿过盘根错节的灌木丛，找到了切叶蚁大军的主要目标之一——一棵树冠上开满了白花的大树。蚂蚁大军沿着树干向上进军，把长着尖牙的颚当作剪刀，剪下了一片又一片的叶子、花瓣，之后便把战利品举过头顶，踏上归巢之路，就好似打着袖珍遮阳伞。还有一些切叶蚁会让叶子的碎片像雪片一样飘向地面，把收集工作交给刚刚抵达现场的同伴，这同样也可以保证大部分被切下的叶片都收集回巢。临近午夜时，切叶蚁的收集活动达到了最高潮，往返的道路上一派蚂蚁搬家的混乱场面，切叶蚁要么举着叶片上下颠簸，要么迂回行进，为同伴让开道路，就好似一个个袖珍发条玩具。

许多造访雨林的探索者——就连那些经验丰富的博物学家也不例外——都只看到了外出觅食的切叶蚁大军，认为切叶蚁个体只不过是无关紧要的小红点，都在像无头苍蝇一样四处乱撞。然而，只要拉近距离，我们就会发现切叶蚁是一种了不起的生物。让我们把眼前的景象放大到符合人类体形的尺度，也就是说把体长 0.25 英寸的切叶蚁看作身高 6 英尺的人类，那么我们就会发现，外出觅食的切叶蚁正在以每小时 16 英里的速度沿着一条长达 10 英里的道路奔跑。换言之，切叶蚁要在 3 分 45 秒钟的时间内跑完 1 英里的路程——时间与 1 英里长跑的人类世界纪录不相上下，直到以相同的速度完成全部 10 英里的路程。切下叶片后，切叶蚁就要扛着 750 磅[①]的重物，以每小时 15 英里的速度向蚁穴的方向奔去，相当于每 4 分钟就要完成 1 英里的路程。这是一场切叶蚁工蚁每天晚上都要重复多次的马拉松比赛，某些地区的工蚁甚至在天亮后也不会停下脚步。

生物学家和化学家展开联合研究，发现切叶蚁之所以

---

① 1 磅≈0.45 千克。——编者注

能搞清楚前进的方向，是因为它们的尾刺会把分泌物涂抹在土壤表面，就好似在书写过程中不断出墨的钢笔。分泌物中的关键成分是 4-甲基吡咯-2-甲酸甲酯，其分子结构为一个由碳原子、氮原子组成的结构紧密的五元杂环，以及两个由碳原子、氧原子组成的短小支链。这种化合物的纯品没有刺激性气味，不同的人会对它的气味做出不同的描述，比如淡淡的青草味，硫黄的气味，或者透着石脑油气味的果香（我本人有点拿不准，但我觉得我根本就闻不到它的气味）。只不过，不管这种化合物会对人类造成什么样的嗅觉冲击，对切叶蚁来说，它都是一种无可抗拒的灵液。要是以理论上所能达到的最高效率在地面上涂抹这种物质，那么仅仅 1 毫克，也就是刚够印刷这句话所需油墨的量，就足以让数十亿只工蚁活跃起来，而如果把这 1 毫克当作路标，就足够让一小队工蚁绕着地球走上整整三圈。闻到 4-甲基吡咯-2-甲酸甲酯后，我们人类与切叶蚁之所以会做出差异如此巨大的反应，原因并不在于这种可以用作路标的物质本身有什么特别之处，它只是一种结构平平无奇的生物化学物质。切叶蚁会产生如此强烈的反应，完全是因为它的感觉器官和大脑对这种物质有着独特的敏感性。

蚂蚁的活动范围距离地面只有 1 毫米，而人类则是从距离地面 1 米——相当于 1 毫米的 1 000 倍——的高处俯视蚂蚁的庞然大物，所以蚂蚁感知到的世界与我们眼中的世界当然天差地别。与我们的想象不同的是，对蚂蚁来说，路标物质并不是一道附着在土壤表面可以循迹而行的液痕，而是一团由分子组成，在紧贴地表的静止空气中不断扩散的云雾。路标物质会在空气中形成一个细长的椭圆形空间，其中该物质的气态分子浓度足够大，可以被外出觅食的工蚁感知到，所以工蚁一进入这个空间，就会前后扫动探在脑袋前面的触角，去捕捉空气中的气味分子。触角是蚂蚁的主要感觉中枢，其表面布满了数千根肉眼几乎不可见的绒毛、楔子，而这些绒毛和楔子上又分布着大量微小的板块和设有瓶颈的凹陷坑。每一个这样的感觉器官都拥有能够传递电信号的细胞，可以把信息传递给触角的主神经。接下来，专门负责信息传递的细胞就会把信息传送到大脑中用来整合信息的区域。触角上的一部分感觉器官能够对触碰做出反应，另一些则能够感知细微的空气流动，所以只要蚁穴遭到入侵，蚂蚁就可以在第一时间采取应对措施。只不过，触角上的绝大多数感觉器官都是用来感知气态化学物质的，可以分秒不差地监控周围环境中比例每时每刻都在发生着变化的各种化学物质。人类生活在由景象和声音组成的世界中，而社会性昆虫则主要靠嗅觉和味觉来感知世界。总而言之，我们人类感知世界的途径是光线和声音，而社会性昆虫感知世界的途径则是化学物质。

只要观察一下有气味路标的路径上以闪电般的速度发生的一连串事件，你就能体会到昆虫感知到的世界到底有多么光怪陆离了。觅食的工蚁刚一走错方向，向左偏离了路径，它左侧的触角就离开了气味分子形成的椭圆形空间，无法继续接受来自路标分子的信号刺激。只要几毫秒，蚂蚁就会感受到左侧的信号出了问题，开始向右调整路径。所以说，工蚁会在右侧的气味分子消失后向左转，在左侧的气味分子消失后向右转，就这样沿着一条微微波动的路径在蚁穴和目标树木之间来回奔波。在奔跑的过程中，工蚁还必须时不时地左右躲闪，给迎面而来的其他工蚁让路，场面好不混乱。如果你趴下来，用肉眼在距地面只有几英寸的地方观察外出觅食的工蚁，你就会发现它似乎会用触角触碰每一只迎面而来的工蚁，就像是用触觉在探查着什么似的。如果借助慢动作摄影的技术，你就会发现，这只工蚁其实是在用触角的尖端轻扫其他蚂蚁特定的身体部位，以此来确定对方的气味。如果对方身上的化学物质组成出了哪怕一丁点问题——不符合工蚁所在蚁穴的独特气味"指纹"——它就会立即发起进攻。此外，工蚁头壳中的特殊腺体还有可能在同一时刻喷洒出用来报警的化学物质，而附近的其他工蚁则会在收到警报信号后大张着颚部，匆匆赶来，一同发起进攻。

蚁穴只需要 10~20 种这样的气味信号——其中大部分都是蚂蚁身上的腺体分泌出来，以溢出或喷洒的方式进入环境的化学物质——就可以运行得井井有条。工蚁行动迅速、从不犯错，而我们人类则是靠着数学图表、分子式的帮助，才终于对它们忙碌的一生有所了解。此外，我们甚至还获得了用计算机模拟蚂蚁行为的能力。从理论上讲，计算机技术的发展已经可以让我们制作出能够再现所有已知蚂蚁行为的机械蚁。然而，如果我们出于某种原因，造出了这样一只机械蚁，你就会发现，它的个头与小型汽车不相上下，而且就算我们真的做到了这一步，我也认为，这十有八九不会帮助我们获得任何与蚂蚁的内在本质相关的新知识。

走到路径的尽头后，衔着叶片的工蚁便会一头扎进蚁穴的洞口，沿着蜿蜒曲折的通道前进，一路上会遇到大量同伴，场面十分拥挤。蚁穴通道深度可达 15 英尺，甚至更深，能够一直向下延伸到接近潜水面的位置。觅食的工蚁会把叶片运送到储存室，然后另一种体形稍小的工蚁就会捡起叶片，把它裁剪成直径约为 1 毫米的碎片。之后用不了几分钟的时间，另一种体形更小的工蚁就会开始下一道工序，把碎片碾碎，团成富含水分的小球，再小心翼翼地把小球安放在由大量其他小球堆砌而成的料堆中。料堆大小不一，最小的好似握紧的拳头，最大的则好似人的脑

亲生命性

袋，其中布满孔道，看起来像极了灰色的清洁海绵。这些料堆便是切叶蚁的菜园子：料堆的表面长满了与切叶蚁共生的真菌，与树叶的汁液一起，构成了蚂蚁唯一的食物来源。真菌蔓延开来，就好似一片白色的森林，把菌丝扎入由树叶碎片组成的糊状物，不断地消化吸收糊状物中大量半溶解状态的纤维素和蛋白质。

切叶蚁种植真菌的过程远不止于此。比上文提到的工蚁体形还要小一些的工蚁会找到料堆上真菌生长密度大的地方，轻轻地把一缕一缕的真菌挑拣出来，移栽到新建料堆的表面。最后，还有一种体形最小——同时数量也最多——的工蚁负责巡逻工作，穿行于真菌之间，一边轻轻地用触角探查真菌的情况，一边把真菌的表面舔得干干净净，只要一发现入侵的霉菌，就会把它的孢子和菌丝清理掉。这种工蚁是蚁穴中的小矮人，即便是菜园深处最狭窄的通道，它们也可以通行无阻。它们会时不时地取走一小块真菌，把它搬出菜园，让蚁穴中体形更大的同伴大快朵颐。

切叶蚁按照工蚁体形的大小来进行劳动分工，以此为基础，建立起了经济体系。外出觅食的工蚁个头与家蝇相当，能够切碎叶片，但要想种植小到几乎用显微镜才能看到的真菌，可就显得太过笨拙了。负责种植工作的工蚁体形微小，比英文书中常规字体的大写字母 I 还要小一点，虽然可以种植真菌，但却太过弱小，无法切碎叶片。所以说，不同种类的切叶蚁工蚁组成了一条流水线，从前往蚁穴外收集树叶，到把叶片加工成糊状物，再到在蚁穴深处种植可以用作食物的真菌，随着工序的深入，负责相应工作的工蚁体形也不断地变小。

蚁穴的防御工作同样也是按照体形大小分工的方式组织起来的。我们在四处奔波的蚂蚁中可以看到少数体重相当于负责种植工作的蚂蚁 300 倍的兵蚁。兵蚁的头壳宽达 0.25 英寸，内部是巨大的内收肌，可以为锋利的颚部提供咬合力。兵蚁就好似袖珍断线钳，能把入侵的昆虫断成碎片，就连人类的皮肤也可轻易割破。它们是蚂蚁世界的巨兽，擅长抵御大型入侵者。挖掘蚁穴的昆虫学家只要稍不小心，手臂就会被兵蚁咬得伤痕累累，就好似在荆棘丛中走了个来回。我有些时候不得不停下脚步，一边为被蚂蚁咬伤后血流不止的伤口止血，一边在心里感叹，蚂蚁的体形只有人类的百万分之一，但却可以仅凭锋利的颚部，就让我不得不放下手头的工作。

切叶蚁拥有用新鲜植被来种植蘑菇的能力，是唯一一个演化出了这种能力的物种。数百万年前，这一过程发生在南美洲的某处，是生物演化史上独一无二的事件。切叶蚁因此获得了巨大的优势：蚁穴只需派出特化的工蚁来收集植被，而在种群中占比要大得多的其他成员则留在地下的巢穴中，不必外出冒险。最终的结果是，切叶蚁在美洲大陆热带的大片地区都成了优势物种，它们中间除了包括属于芭切叶蚁属（*Atta*）的 14 个物种，还包括属于顶切叶蚁属（*Acromyrmex*）的 23 个物种。这些切叶蚁的植被消耗量超过了所有其他种类的动物，就连毛虫、蚂蚱、鸟类、哺乳动物这些种类要比切叶蚁丰富得多的动物也完全不是它们的对手。只要蚁穴发现了目标，无论是一棵橘子树，还是一片豆田，切叶蚁都会在一夜之间把所有的叶子吃干抹净，而如果把所有切叶蚁种群造成的损失累加起来，那么每年的损失额将超过 10 亿美元。第一批在南美洲定居的葡萄牙人把巴西称作"蚂蚁王国"是很有道理的。

一个完全建成的蚁穴拥有 300 万~400 万只工蚁，蚁穴内地下室的数量能达到 3 000 个，甚至更多。切叶蚁挖掘蚁穴时产生的渣土会被堆成一个宽 20 英尺、高 3~4 英尺的土堆。蚁后居住在蚁穴的最深处，是一只个头相当于刚出生的幼鼠的巨型昆虫。它的寿命最少有 10 年，最长也许能达到 20 年。到目前为止，还没有昆虫学家有足够的耐心去搞清楚蚁后到底能活多久。14 年前，我在圭亚那采集了一只切叶蚁蚁后的活体样本，把它养在了实验室里。到了它 18 岁，也就是打破了十七年蝉[①]有据可查的昆

---

① 十七年蝉生活在北美洲，是一种穴居十七年才能羽化成成虫的蝉。——译者注

虫长寿纪录之后，我会与我的学生一起打开香槟，庆祝纪录的诞生。蚁后一生能产下超过 2 000 万个后代，为了便于理解，我们可以进行下列数据转换：300 只蚁后产出的后代相当于地球上的人口总量，而与单个蚁穴每年离巢的蚁后数量相比，这 300 只蚁后只是沧海一粟。

上一代蚁后每天都会产下数千枚微小的蚁卵，未来的蚁后只是其中之一。蚁卵会孵化出形似蛆虫的幼虫，在化蛹前的一个月间，会得到成年工蚁无微不至的照顾，可以不断地被清洁、不断地得到食物。到了化蛹的时候，比起工蚁幼虫，蚁后幼虫的个头要大得多，其中的原因还不得而知，也许是因为工蚁为蚁后幼虫提供了特别的食谱。之后，幼虫就会化蛹。此时，我们就可以在蚁蛹蜡质的外壳上看到成年蚁后像胎儿一样团缩在蛹内，六条腿、翅膀和触角全都紧贴着身体的样子。几周后，成年蚁后的全部器官在蛹的角质外壳的保护下完成发育，新一代蚁后破蛹而出。此时的蚁后已经完全成熟，不会继续生长了。蚁穴中所有其他的工蚁都是新一代蚁后的姐妹，它们拥有极为相似的基因。工蚁之所以体形较小，只能度过平平无奇、没有后代的一生，并不是由遗传因素决定的，而是因为它们在幼虫阶段受到的待遇没有蚁后那样优渥。

暴雨过后，尚未交配的新蚁后离开巢穴，来到明媚的阳光下，与其他新蚁后以及长着大眼睛的深色雄蚁一起在空中飞舞。在蚁后飞行的过程中，四到五只雄蚁会一只接着一只，以极快的速度抓住蚁后，向它体内注入精液。雄蚁便完成了使命，会在几小时内死去，再也不会返回蚁穴。蚁后会把精液储存在纳精囊中，也就是位于卵巢上方偏后位置的一个坚韧的肌肉囊里。这些生殖细胞可以一直保持活力，就好似独立的微生物，哪怕过上许多年也不会失活，就这样一直储存在纳精囊里，直到蚁后把它排入输卵管，与卵子结合，产生能够孵化出新一代雌性的受精卵。如果卵子在经过输卵管的过程中没有受精，而是直接排出体外，那么它就会孵化出雄蚁。蚁后除了能够以或开启或闭合纳精囊—输卵管连接通道的方式来控制后代的性别，还可以决定自己的雌性后代中应当有多少工蚁、多少蚁后。

新一代蚁后会在获得精子后落地，把腿向前伸，折断背上的翅膀。由于翅膀由没有生命的膜组织构成，所以这一过程不会造成痛苦。接下来，它会在地上四处游荡，直到找到一片松软且裸露的土壤，它便顺着向下挖掘一条狭长竖直的通道。经过几个小时的挖掘，当通道达到地下大约 10 英寸深的时候，蚁后就会拓宽通道的底部，修建出一个小房间。此时，它的任务就变成了开辟真菌菜园，建立起属于自己的蚁穴。然而，这套指引着切叶蚁完成整个生命周期的策略存在一个问题。既然蚁后彻底离开了原先的蚁穴，那么它到底要怎样才能获得至关重要的共生真菌菌群，并用它种下真菌菜园呢？答案是，菌群一直都含在它的嘴里。即将离开蚁穴的时候，新一代蚁后会把一缕缕真菌卷成一团，塞入口腔底部一个位于舌头后方的袋状结构。完成挖掘工作后，它就会把真菌团放置到蚁穴的地面上，再排出水滴状的排泄物给真菌施肥。

真菌快速增殖，在地面上形成了一块颜色发白的垫子之后，蚁后就会在垫子的上方及四周产卵。卵孵化出幼虫后，蚁后就会把未受精的卵当作食物来喂养它们。六周后，幼虫完成发育，变成了小小的工蚁。此时，这些新一代工蚁已经是成虫，很快就接手了蚁穴的日常维护工作。在还只有几天大的时候，它们就开始扩建蚁穴、照料菜园，同时用长得越来越茂盛的真菌来喂养蚁后和新孵化的幼虫。一年后，蚁穴已经有上千只工蚁，而蚁后则停止了几乎所有的活动，变成了一台一动不动、只负责吃饭和产卵的机器。它将会一直都承担这项独一无二的职责，直到生命结束的时刻。至于它在自然选择的过程中到底有多成功，就必须看到5年甚至10年后，它的雌性后代中到底有多少个体能够成长为蚁后，离开蚁穴，在空中与来自其他蚁穴的雄蚁交配，并最终取得建立属于自己的蚁穴这项最难达成的成就了。根据生物组织的规则，在社会性昆虫的世界中，后代的产生方式并不是个体直接产生个体，而是群体产生群体。

经常有人向我提出这样的问题：你是不是认为蚁群具有某种人类品质？你有没有发现蚁群的行为与人类的思想、感受有那么一星半点儿的相似之处？昆虫与人类之间隔着一道由长达数亿年的进化史形成的鸿沟，但不可否认的是，这两者的确拥有一个共同的祖先，即某种极其原始的多细胞有机体。那么人类和切叶蚁之间到底有没有某种残留的心理延续性，能够把这两种在演化树上位于完全不同的分支、差异巨大的生命体联系到一起呢？我的回答是，观察蚁穴就像拆卸瑞士表。蚁穴结构复杂、整洁无比，运转起来就好似一台嗡嗡作响、绝不出错的机器，这的确令我深受震撼。然而，在我看来，蚁穴仅仅是一台有生命的机器而已。

我用更直白的语言来解释一下这个比喻。切叶蚁的蚁穴是一个超有机体。蚁后居住在蚁穴中央最深处的房间里，那里是一个生机勃勃的生长点，会产生所有的工蚁、新蚁后。然而，无论从哪个角度来看，蚁后都既不是蚁穴的领袖，也不是蚁穴组织蓝图的保管者。蚁穴并不存在控制着所有活动的指令中枢。蚁穴的总体社会规划化整为零，储存在全部由雌性组成的工蚁群体中，每一只工蚁都以大脑中储存的信息为依据，执行着一套特定的指令，而蚁穴则是由所有这些指令共同组成的平衡的整体。每一只工蚁都会自然而然地去完成特定的任务，完全不会去插手那些与自己的体形、年龄不相符的任务。蚁穴这个超有机体的大脑其实是生活在蚁穴中的整个蚂蚁社会，我们可以粗略地把工蚁类比为蚁穴的神经细胞。如果拉开一段距离，从自上而下的角度观察，我们就会发现切叶蚁的蚁穴就像一只巨型阿米巴原虫。外出觅食的工蚁形成蜿蜒曲折的队列，就好似阿米巴原虫的伪足，把植物包围起来，撕成碎片，之后伪足又会把已经撕碎的叶片经由洞口、坑道，运送到真菌菜园。数百万年前，切叶蚁经历了独特的进化历程，捕获了一种真菌，把它整合到蚁穴这个超有机体中去，从而获得了消化叶片的能力。不过，切叶蚁与真菌的关系也有可能是完全相反的：也许真菌是主动的一方——它捕获蚂蚁，把它们当作可移动的延伸器官，到地表去把新鲜叶片带回潮湿的地下洞穴。

无论切叶蚁与真菌的关系到底是怎样的，它们都已经变得难解难分，永远也无法单独生存。切叶蚁与真菌的组合是进化的伟大成果之一，它就好似发条装置一样，不知疲倦地重复着相同的动作，永远也不会出错，其复杂程度超过了所有人类发明，其历史更是无比久远。对生物学家来说，在南美洲的森林里找到切叶蚁的巢穴，就好似找到了远古时代的地外访客留下的某种装置，完全搞不清楚装置的用途。这个装置由许多部件组成，我们才刚开始搞清楚每个部件都有什么样的功能。

　　人类掌握了现代科学的力量后，探索的前沿就不再是巨大的雨林在人类活动的侵蚀下不断退缩的边境线，而是变成了以切叶蚁为代表的各个物种的身体及生命周期。这些物种成千上万，大都生活在那条充满悲剧色彩的边境线的另一侧。

3

第三章

时光机

The Time Machine

要想展望生物学的全景，最好的方法就是想象你拥有一台神奇的多功能电影放映机。它能够随意调整放映速度，既能把一秒钟放慢到一小时，甚至一整天，又能把一年甚至一个世纪浓缩成一分钟。此外，它还有随意缩放图像大小的功能，既能展示微小的细节，又能拉开距离，展现视野广阔的全景。这台放映机还可以成为科学家手中的时光机，用来进行爱因斯坦口中所谓的假想实验。

让我们首先把影片倒回某一历史时刻，随便哪一个历史时刻都行。我们把影片倒回符合本书主题的时间——1859 年 5 月 12 日的深夜。在那个夜晚，路易·阿加西、本杰明·皮尔斯正走在马萨诸塞州剑桥市的街道上，一边呼吸着春天的新鲜空气，一边讨论着法国与奥地利的战争①，以及战争对瑞士中立国地位的威胁。这两位都是了不得的人物。阿加西是那个时代美国最著名的科学家，冰川学的开创者，鱼类研究及动物分类学的权威，备受追捧的讲师，哈佛大学的教授，比较动物学博物馆②的创建者，爱默生、朗费罗以及许多其他大文豪的密友，后来他还将会成为查尔斯·达尔文的进化论在美国学术界最难缠、最有说服力的反对者。皮尔斯是杰出的数学家，哈佛大学的天文学教授，他在美国刚刚形成不久的知识界崭露头角，正成为阿加西最坚定的盟友之一。二人在植物学教授、达尔文在美国学界的主要支持者阿萨·格雷的家里用了晚餐后，正走在回家的路上。格雷家的那场晚餐会其实是剑桥科学俱乐部每两周都要举办一次的聚会。该俱乐部的成员除了有十几个哈佛大学的教师，还有剑桥市的一些对科学很感兴趣的市民。在知识界拥有重要历史地位的事件少之又少，而这场晚餐会正是一个够得上该标准的大事件：格雷在餐会上阐述了达尔文进化论的要点，成为西半球第一个完成这一壮举的学者。该年早些时候，格雷就已经与阿加西在美国艺术与科学院同样也在剑桥召开的会议上小心

---

① 第二次意大利独立战争。——译者注
② 一座位于哈佛大学校园内的动物博物馆。——译者注

亲生命性

翼翼地拉开架势，围绕着植物物种的替代分布①，以及其他与进化相关的证据进行了一次试探性的交锋，但并没有触及物种进化过程这个核心议题。阿加西在学界极受欢迎，是个令人生畏的对手，所以格雷十分谨慎，不愿当着众多学者的面，与同样出席了这次会议的阿加西起正面冲突，而是在会上用直白的语言阐述了达尔文的自然选择理论。5月12日那天，他终于在剑桥科学俱乐部气氛要轻松得多的聚会上迈出了关键的一步。

没有几个聚会的参与者认识到达尔文学说的重要意义。格雷与阿加西在旁人不知情的情况下进行了一场一对一的较量。格雷兴致勃勃，把进化论以及相关证据一股脑儿地全都说了出来。阿加西如坐针毡，说道："格雷，我们必须停止这样的言论。"实际上，这也的确成了阿加西投入大量的精力，在之后的科研生涯中一直都在做的事情。在我们用时光机聚焦的那个时间点，讨论的主题已经变成了时事政治，也就是发生在欧洲的战争——进化论争议性太强，阿加西、皮尔斯不愿因为意见相左而伤害两人之间亲密的友情，所以只好出于礼貌，决定转移话题。历史学家 A. 亨特·杜普利对这两位漫步在剑桥街头的学者做出了这样的

---

① 植物替代种是指在地理分布上彼此替代且特征相近的植物种类。——译者注

评价："他们知道已经有一把刀把西方的思想史一刀两断，分割成了两个时代，而他们恰巧站在这把刀的利刃上吗？他们是否意识到了哈佛大学的老同事阿萨·格雷那既迟疑又急切的话语其实传达了一条重要的信息，哪怕把拿破仑三世、弗朗茨·约瑟夫以及法奥两国所有的军队全都加到一起，其重要性也无法与这条信息相提并论吗？"

让我们在脑海里想象二人走在街上的样子，再现他们平静的对话。这应该要用上几秒钟的时间。阿加西、皮尔斯、我们全人类以及所有体形较大的有机体全都生活在**有机体时间**的尺度上，大部分有意义的活动全都要用上几秒甚至几分钟的时间。这是一个似浅实深的事实，其原因是，人类由数十万亿个细胞组成，所有细胞都必须跨过细胞膜，通过化学物质的流动及电脉冲来传递信息。皮尔斯说道："阿加西，我很担心。"只过了一毫秒，被声波压缩的空气就冲击阿加西的鼓膜，把能量向内传递给了中耳的三块听骨，之后又在一瞬间经由听骨传递到了内耳，一个形似蜗牛壳的器官；内耳的螺旋结构上排布有敏感的毛细胞，会与不断变化的音高产生共振，促使与之相连的神经细胞向听觉神经发出电信号；几毫秒后，电信号抵达后脑，又沿着中脑内部的既定路径涌向前脑的听觉皮质，最终抵达控制意识的大脑皮质——直到此时，阿加西才终于听到了这句话。在大脑皮质以及边缘系统中负责记忆和情感的特殊区域中，神经细胞相互协作，发出模式不断变化的电信号，从而以极快的速度把概念及词语串联到一起，不断地产生不同的组合——阿加西正在思考。阿加西的大脑会把从长期记忆中提取的新信息整合到短期记忆的临时回路中去。接下来，他的大脑又会用上零点几秒的时间把相关的意象拼接到一起，之后再用被意象激活的情感回路对意象进行评估。紧接着，大脑皮质顶叶上负责整合语言的区域——布罗卡区、韦尼克区——开始全速运转，通过运动皮质中具有中转站功能、负责传递信号的细胞向舌头、嘴唇和喉咙下达命令，直到命令得到执行后，阿加西才终于回答道："皮尔斯，我们只能等等看了。"上述过程总共用了4秒钟的时间。

让我们调节时光机，把影片的播放速度放慢1 000倍。阿加西和皮尔斯似乎站在原地，一动不动。实际上，他们并没有停下动作，只是他们的动作幅度太小，已经到了我们无法用肉眼察觉的程度。接下来，让我们逐步放大阿加西的身体，先是看到他的神经纤维，再看到他的细胞，最后看到他体内的分子、原子。此时，我们就会发现，所有活动又都恢复正常速度，变得一目了然。细胞聚成一大群，沿着既定的路线行进，就好似城市居民——比如在剑桥市的街道上遛弯的居民。酶分子锁定蛋白质，把它们干净利落地分割成小块。神经细胞发出电脉冲：脉冲沿着细胞膜传递，在钠离子向内流动的过程中电压不断下降。在神经细胞轴突上的各个位置，这一过程都只需要几毫秒，而由此产生的电信号——电压降——则会以每秒30英尺的速度沿着轴突传递。如果我们放大神经细胞，同时又不对其活动进行减速处理，那么事件的发生速度就会快到令肉眼难以察觉。沿着细胞膜传导的电脉冲会变得比步枪子弹还快，一眨眼的工夫就离开了我们的视野范围。要想在分子的层面上了解细胞活动，我们就必须把几毫秒甚至更短的时间当作思考的时间单位——这才是化学反应的时间单位。正因如此，我们才必须用慢动作来播放影片。我们进入了**生物化学时间**。魔法时光机可以把毫秒变成秒，让我们大脑中巨量的脑细胞有足够的时间来互动，去再现那些让屏幕上展现的影像变成现实的微观事件，从而让我们对生物化学时间的流逝有一个明确的认识。

让我们加快放映速度，回归有机体时间。就算放映机的放大倍率没有出现任何问题，影片中的生物化学反应也会因为速度太快而难以理解。所以说，我们只好一步一步地缩小倍率，逐渐把阿加西的整个身体变成镜头的焦点。在这一过程中，影片中的原子、分子会不断增多，聚集成越来越大的群体，首先变成细胞，之后又会变成组织和器官。在这些层级更高的生命结构中，事件的发生速度再一次慢了下来，变得可以把秒当作时间单位——我们的大脑想要了解这些事件也就完全没有问题了。横膈膜时起时落，心脏不断跳动，腿部肌肉开始收缩。阿加西迈开步子，继续与皮尔斯边走边聊。

不要停下来。让我们继续加快放映速度，先把几分钟、几小时的时间压缩成几秒钟，并同时拉远镜头。你会发现，阿加西和皮尔斯就好似早期无声电影中的喜剧人物，手舞足蹈，嗖一下离开了画面。随着越来越快的播放速度，我们先是来到剑桥市的上空，看到了马萨诸塞州的乡间景色，之后又看到了美国东北海岸的全景。影片中的昼夜交替变得越来越快，到了交替速度达到闪光融合频率，也就是每秒十次以上的时候，我们的大脑就会把白天和黑夜融合到一起。此时，屏幕上的景观会一直笼罩在光照下，只是光照强度要比正常白天的时候低了一些。人类个体和许多其他有机体都已经难以分辨，你只能看到少数生命周期很长的树木突然出现，在极短的时间内快速膨胀，之后又突然蒸发。然而，我们也会在影片中观察到一些新现象。你会看到各个物种乃至整个种群的兴衰起落，比如糖枫及红眼莺雀的种群分布区在新英格兰的大地上时而扩张、时而收缩的往复循环。由不同物种组成的生态系统变成了一个个我们可以用肉眼分辨的生物。被落叶松环绕的水塘渐渐地长满了水草，水越来越浅，最终变成了沼泽。沙丘长出了沙茅草，接着又长出了刺蔷薇及其他低矮灌木；渐渐地，北美短叶松取代了低矮灌木，最终又被阔叶林取代。我们进入了**生态时间**。在生物化学的层面上发生的事件已经被压缩得踪迹全无。有机体失去了个体性，全都变成了整体，我们只能用表达出生、死亡、竞争和替代的数学法则来给它们下定义。

在上述时间加速的过程中，阿加西、皮尔斯以及所有生活在1859年的其他有机体都跑到哪里去了呢？所有有机体都失去个体边界，融入了各个物种的基因库。个体的基因在减数分裂和受精的过程中被拆分洗牌，变成了微小的碎片。生命失去了个体性，但却以DNA（脱氧核糖核酸）的形式获得了永生。大部分大型有机体都可以把一半的基因传给子代，把四分之一的基因传给孙代，把八分之一的基因传给曾孙代。尽管亲代基因在后代中所占的份额不断降低，但由于每一代的个体数量都要比上一代的多，所以份额的降低是可以被数量的增多抵消掉的。在人口稳态的情况下，平均来说，每个人孙代的数量都是子代的两倍，而曾孙代的数量则是子代的四倍，就像这样一直按照几何级数的倍率增长下去。所以说，人类个体的基因逐渐扩散到了整体人口中去。经过1 000年——大约能够在**进化时间**的尺度上被当作阈值的时间间隔——个体就失去了绝大部分作为生物学单位的意义。在这1 000年间，一个家庭的后代分化出了越来越多的分支，直到家族成员的基因扩散到了人口中的一大部分个体中去。种族差别会越来越模糊，最终变得毫无意义。1 000 年时间，同一个物种的不同种群甚至有可能分裂成多个完全不同的新物种——只不过，在智人登上进化史舞台的 50 万年间，这样的事情并没有发生在我们人类身上。

现代生物学的时间尺度可以小到微秒，大到数百万年，空间尺度可以小到微米，大到整个生物圈。只不过，这是我们用电子显微镜、地球扫描卫星，以及其他能够辅助感官的科技设备来拓展正常人类视觉感知范围的结果。研究的切入点界定了生物学的具体分支学科。个体生物学研究我们如何行走、如何说话；细胞生物学研究细胞如何组成组织，以及组织的结构；分子生物学研究生物最低层次的化学机制；进化生物学研究整个物种的遗传史。不同分支的研究方式由研究对象所属的生物结构层次决定，而不同的生物结构层次则遵循着由简单到复杂的严格等级关系：分子组成细胞，细胞组成组织，组织组成有机体，有机体组成种群，种群组成生态系统。想要了解任何一个物种及其进化史，我们就都必须由下至上，充分了解每一个层次，从而保证我们能够解释紧邻的上一个层次中发生的现象。分子生物学是最基础的层次（分子生物学家总是迫不及待地指出这一点），因为所有的生命活动都以分子这种最微小的构成单位为基础。然而，如果把分子生物学单拎出来，它就会变成一头不知所措的巨兽。它无法确定空间、时间和历史这三个关键参数，而没有这三个参数，更高的层次就既不能存在，也无法界定。我们可以把下面这个基本常识当作例证：胚胎的发育并不仅仅是由基因决定的，胚胎细胞相对于周围环境的排布方式同样极其重要。我们还可以拿出另一个作为例证的常识：学习可以在一定程度上塑造有机体的行为，外部刺激可以令有机体的神经细胞发生变化，从而改变有机体的行为。站在更深的层面上看，我们还可以把分子生物学最主要的研究对象——基因当作例证：所有物种的基因库都是在不断变化的环境中经历了漫长的历史，在突变和自然选择的双重驱动下组合到一起的。20世纪70年代末，基因与进化之间的密切关系已经变得不容反驳，使分子生物学与进化生物学走上了合二为一的道路，最终导致生物学的所有其他分支学科也都随之做出了相应的调整。《物种起源》问世一个多世纪后，达尔文理论终于迎来了最高光的时刻。

1859年末，阿加西开始阅读《物种起源》，在了解了达尔文理论后变得越来越不安。1860年1月，阿萨·格雷致信英国植物学家约瑟夫·道尔顿·胡克[①]，写道："上

---

① 达尔文的密友，其植物学研究对进化论的提出做出了很大贡献。——译者注

一次与阿加西见面的时候，我得知他还没有读完《物种起源》。但他还是宣称，那本书**很糟糕**——**简直糟糕透顶！**（不要外传）。实际情况是，书的内容把他气得够呛……快把这些情况告诉达尔文吧。"

《物种起源》的影响力渐渐地超过阿加西本人的大作——他在分卷出版的《美国自然志文集》（*Contributions to the Natural History of the United States*）中发表的系列论文《论物种分类》（*Essay on Classification*）。身为动物学家的阿加西也提出了一套物种起源论：物种是上帝思想的产物，一旦造物主想到了某个物种，这个物种就会获得生命；如果造物主的脑子里没有了某个物种，这个物种就会走向灭绝。这样的观点似乎完美无缺，完全符合当时在美国知识界大行其道的超验主义，能够天衣无缝地把科学与宗教结合到一起。阿加西绞尽脑汁，怎么也搞不清楚达尔文主义者为什么无法接受这样的物种起源论。他在临终之际留下了这样一段怨言：

> 就算这是真的，那又怎样？上帝在不断地造物，那些人却对此熟视无睹，难道他们从来都没有想明白，如果没有反复思考的过程，知识就无法取得进步？那么思考又是什么呢，不就是思想的特定活动吗？所以说，既然我们找不到证据能够证明这背后有

任何其他原因，那么将自然的事实认为是思考过程的产物又有什么错，为什么要认为这样的观点是不科学的呢？

达尔文在写给阿萨·格雷的信中指出："阿加西的名气很大，这无疑会令我们遭受到很大的阻力。"不过，阿加西的逻辑和他提出的证据可就不值一提了——达尔文在写给友人的信中指出，阿加西的逻辑和证据不着边际、自相矛盾，完全是受宗教影响的产物。阿加西发表了一篇研究亚马孙地区地理的文章，并在文中列出反驳进化论的论据。达尔文告诉查尔斯·莱尔 [①]，自己倒想读一读这篇文章，但"主要是因为按捺不住好奇心"。

阿加西和达尔文代表着两类不同的科学家，对二者进行对比意义重大，其重要性远超二人在历史上发生的意见冲突。一直以来，科学家和自然哲学家都可以分为两类。第一类即便不承认造物主的存在，也会认为如果事物需要刨根问底的解释，首选答案就应当是不可言喻的人类精神。第二类科学家遵循波利比乌斯 [②] 的至理名言，认为只要有可能弄清楚某种现象的原因，就不应当诉诸神明。科

[①] 英国地质学家，其著作《地质学原理》对达尔文的物种演化论有重要的启发作用。——译者注

[②] 古希腊历史学家。——译者注

学史家洛伦·格雷厄姆给这两个阵营起了名字：限制主义者和扩张主义者。限制主义者认为科学的解释能力有限，超过这一限度后，人类就必须提出新的解释和理解方式。扩张主义者不认为科学存在固有的局限性。他们认同伯特兰·罗素的观点，即科学是人类了解的事情，它与人类不了解的事情——哲学截然不同。

达尔文是一个伟大的扩张主义者。他震惊了世界，有理有据地证明了生命的出现是一个自发的过程，而且这个过程还简单至极，只需稍加思考，就可一目了然。了解这个过程不需要方程式，不需要研究光子，也用不到计算机读数。只需要几句话，就可以完成对这一过程的概括总结：遗传物质不断出现新的变种，与一些变种相比，另一些变种的生存能力更强，能够产生更多的后代，最终推动了有机体的演化。我们甚至还可以进一步精简上述概括：突变在自然选择的作用下产生进化。只要时间足够长（要知道，地球拥有超过 40 亿年的历史），即便是革新性无与伦比的有机体，也能够在突变和自然选择的作用下完成演化，比如从多足类动物演化为昆虫，从肺鱼演化为两栖动物，从小型恐龙演化为鸟类，甚至连生命也是以没有生命的物质为起点演化而来的。

在 1859 年的时候，这样的观点的确惊世骇俗，因为在此之前，几乎所有人都抱有与之完全相反的观点，即如果一件事很了不得，那它背后的原因肯定也很了不得。鹰的眼睛、人类的手掌、鲸类巨大的心脏——如此了不得的工程学奇迹背后肯定藏着设计者，它即便不是上帝，也肯定是某种神圣而深刻的理念。想要换个角度来认识世界可不是件容易的事情。然而，达尔文恰恰证明了，即便是最复杂的有机体，也是积小成大，一步一步地进化而来的。上帝——当然还有哲学——让出了生命世界的舞台，让生物学独自在聚光灯下寻找属于自己的未来。

只不过，就算上文所说的一切都理所当然，那心智的起源又应当如何解释呢？大脑也是在自然选择的压力下进化而来的。如果心智是大脑的产物，那我们肯定也就可以从唯物主义的角度来解释心智的起源。1838年，就在达尔文构想出自然选择理论后不久，他在"N笔记"①中写道："在我看来，用一直以来的方法去研究形而上学，就好似手头没有仪器设备，却还是要硬着头皮研究天文学。实践证明，发动正面进攻是无法攻克心智起源这个难题的。"

事情看起来也的确如此。要想搞清楚心智的运作原理及其终极意义，光靠思考是远远不够的。就算心智的确起源于物质，我们也不能用正面进攻的方式来攻克心智起源

---

① 达尔文用大写的英文字母来给笔记本编号，其中编号为M、N的笔记主要记录了他对人类行为和情感的思考，或者说他对道德的形而上学的表达和思考。——译者注

这个难题，而是必须兜个圈子，在探索大脑的过程中寻找问题的答案。只要把大脑与其他身体器官放到一起，同样视为自然选择进化的产物，我们就不难发现，它其实也没有那么神秘。正因如此，达尔文才会在 1838 年时在 "M 笔记" 中写道："人类起源的问题已经解决。——形而上学肯定会迎来大发展——了解狒狒的人对形而上学做出的贡献肯定比洛克 ① 要高。"

现代生物学建立在两个重要理念之上。第一个理念在 19 世纪成形，即所有生命都是在自然选择的压力下，由简单的单细胞有机体进化而来的。第二个理念在 20 世纪时得到完善，即所有的有机体都完全服从物理化学法则。生物细胞的运行不需要任何外部"活力"的驱动。这两个理念相互支持，形成难以辩驳的自证循环。一方面，认为有机体是物理化学实体的观点可以让认为自然选择普遍存在的观点变得更有说服力。另一方面，即便我们只能拿出有限的例子，证明自然选择的过程的确存在，也足以让我们更好地解释，为什么有机体是物理化学装置，而不是某种神秘生命力的容器。

正因如此，扩张主义才能一直都占据上风，把科学的

---

① 英国哲学家约翰·洛克。——译者注

边界从物理学、化学扩展到了生命和思维的领域，令其支持者以越来越快的速度获得越来越多的知识。生物学家手中的时光机已经成长为功能强大的科学仪器，既可以追溯数个世纪前的历史，又可以拉近镜头，观察分子内部的情况。这台时光机开辟了新时代，把一片神奇的景象展现在我们的眼前。

且慢——**机器**？开辟处女地？这听起来太耳熟了。的确，我们现在已经触碰到了人类为何会惧怕科学这个问题的核心，也就是在历史上科学为什么会与人文学渐行渐远。科学的滥用甚至被冠上"科学主义"这个令人不快的说法。那个名为"花园里的机器"的困局不仅适用于正在不断消失的荒野，也适用于人类的精神世界。

"科学越是发展，美丽的事物就越是稀少。"阿尔弗雷德·丁尼生写道。在19世纪的头十年间，诗歌领域的浪漫主义运动如火如荼，成为宣扬自由思想的浪漫主义者用来对启蒙哲学发动猛烈攻击的武器。浪漫主义者既不承认自然界及人类的所有事务都可以成为理性调查的对象，也不认为牛顿定律可以用于物理学之外的领域。约翰·济慈在题为《拉弥亚》（*Lamia*）的长诗中警告道："哲学会剪断天使的翅膀，会用规则和准线破除所有的奥秘，会驱散空气中的鬼魂，赶走矿井内的地精——会让彩虹黯然失色。"

以约翰·鲍克、西奥多·罗萨克、威廉·欧文·汤普森为代表的现代神学家和哲学家提出了许多复杂的论述，让浪漫主义的世界观一直都保持着活力。他们攻击科学的论述可以用这几句话来概括："科学注重归纳，会把问题过分简单化；科学浓缩且抽象，会用概论来解释一切；科学自以为是，宣称可以解开没有答案的问题；科学忘记了精神世界；科学禁锢了艺术天才灵感的火花。"

科学和人文学之间因为查尔斯·珀西·斯诺的讲座而变得尽人皆知的文化鸿沟①就这样一直存续到了现在。就算我们无法填平这道鸿沟，至少也要用恰当的方法来化解科学文化与人文文化之间的矛盾，否则人类与生命世界之间的关系将会一直问题重重。

---

① 1959年，斯诺在讲座中提出了"两种文化"的概念，指出在现代社会中，科学和人文学这两种文化之间失去了联系，除非我们能够重新建立起联系，否则就无法解决人类所面临的各种世界性问题。——译者注

4

第四章

极乐鸟

The Bird of Paradise

现在，我将带大家前往生命世界的另一个地方。科学与艺术的作用一样，能够让遥不可及的意义与具体的图像融为一体，让那些我们新接触到的事物与我们熟知的事物融合到一起，共同组成规模更大且符合逻辑的模式，成为广为接受的事实。进行实地考察工作时，生物学家必须想方设法，在大自然变化无穷的模式中找到规律，并仅凭直觉就能够搞清楚已知与未知之间的这种关系。

让我们在脑海里描绘新几内亚休恩半岛的样貌——这座半岛位于新几内亚的东北部，大小和形状都与罗得岛十分相似，就好似一只探入海中、饱经风雨侵蚀的牛角。当时 25 岁、刚刚获得哈佛大学博士学位的我踌躇满志，想要前往远方，去那些普通人连名字都叫不出来的地方探险，所以我鼓起了所有的勇气，踏上艰难未知的旅途，准备横穿休恩半岛与新几内亚的连接处。我的目标是，踏遍沿海低地和最高的山峰，收集蚂蚁及其他几种小动物的样本。据我所知，我是第一个踏上这条路线的生物学家，所以我心里很清楚，我的所有发现都值得记录，而我收集的所有标本都有资格成为博物馆的藏品。

从距离半岛南岸的莱城不远的传教站出发，跋涉三天后，我来到了萨鲁瓦吉德岭海拔约为 3 660 米的山脊。此时，我已经位于森林线之上，所处的草地零星分布着苏铁和其他低矮的裸子植物，样子像极了中生代时期发育不良的棕榈树——所以说，如果回到 8 000 万年前，我也许就会看到与这些植物样子相差无几的祖先被恐龙啃食的景象。在一个寒气逼人的早上，到了太阳升起、阳光普照的时候，为我领路的巴布亚向导放下弓箭、召回猎犬，不再狩猎高山小袋鼠，我也暂停了采样工作，不再用装满酒精的小瓶子收集甲虫、青蛙，与向导一起站在山顶上，观赏眼前难得一见的全景图。向北望去是俾斯麦海，向南可以看到马克姆山谷，再往南则是赫尔佐克山。映入眼帘的山地大都被原始森林覆盖，而森林的植被类型则又按照海拔高度呈现出带状分布的模式。海拔最高，就在我们脚下的植被带是云雾森林，由相互交错的树干和树枝组成，好似一座迷宫；所有的树干和树枝都长满了兰花、苔藓以及其

　　　　　　　　　　　　　　　　　　　亲生命性

他种类的附生植物，就好似一张把树干裹得严严实实，之后又向下延伸，把周围的地面也都盖在下面的厚绒毯。在这片高空雨林中沿着动物踩踏出的小径前行就好似置身于光线昏暗的地洞，必须趴在蓬松的绿色地毯上匍匐前进。

在我们下方大约 300 米的地方，植被的密度下降了一点，森林的样子开始变得与典型的低地雨林十分相似，但还是有一些差别——这里的树木密度大，个头要小一些，只有极少数的树木会在靠近根部的位置长出一圈像刀片一样的板状结构。这便是植物学家口中的中山地森林。中山地森林是一个神奇的世界，为数千种鸟类、蛙类、昆虫、开花植物以及其他有机体提供了家园，其中许多物种都是独一无二的。所有这些有机体汇聚到一起，组成了物种多样性最丰富、几乎没有受到任何污染的巴布亚动植物群之一。中山地森林可以让访客回到数千年前，把人类到来之前的生命景象展现在眼前。

中山地森林中最耀眼的宝石是雄性线翎极乐鸟（*Paradisaea guilielmi*）——它肯定可以跻身二十大最美鸟类的行列，甚至说它是地球上最美丽的鸟类也不为过。如果沿着林间小道的岔路走上一小会儿，小心不要发出声音，那么你就有可能在某棵树靠近树冠处长满地衣的树枝上瞥见这种极乐鸟。线翎极乐鸟脑袋的形状与乌鸦脑袋相似——考虑到极乐鸟和乌鸦的亲缘关系很近，这并不让人意外——但这也就是它在外表上唯一一个与普通鸟类相似的地方了。线翎极乐鸟的头部和上胸部呈带金属光泽的绿色，能够反射阳光，背部呈明亮的黄色，而翅膀和尾部则呈绛红色。它胸部的两侧和边缘长有一簇簇象牙白色的羽毛，其质地会在靠近尖端的地方变得蓬松，看起来像极了蕾丝花边。它的翎毛长有好似钢丝的附属物，会沿着胸部和尾部一直向后延伸，长度与体长相当。它的喙呈蓝灰色，眼睛呈清澈的琥珀色，爪子则介于棕色和黑色之间。

到了交配的季节，雄鸟会聚在一起，在高处的树枝上展开竞争，向装扮朴素得多的雌鸟展示全身华丽的羽毛。它会展开翅膀，以不断抖翅的方式让像蛛丝一样轻薄的侧羽随风飘荡。接下来，它还会一边大声鸣叫，发出忽高忽低、音色与长笛类似的声音，一边展开翅膀和尾部的羽毛，在树枝上头部朝下，把翎毛指向天空的方向。此后，雄鸟的求偶之舞便来到了最高潮：它竖起胸部的绿色羽毛，同时展开侧羽，在身体周围形成一个醒目的白色圆圈，只把头部、尾部、翅膀伸到圈外。此时，雄鸟就会开始轻轻地左右摇摆，创造出侧羽在微风轻拂下缓缓飘动的优雅景象。如果在远处观看，会发现雄鸟就好似一个不断旋转，似乎都有点失焦的圆盘。

这场在休恩半岛的雨林中上演的看似不可能发生的奇

　　　　　　　　　　　　　　　　　亲生命性

妙表演，是上百万个世代自然选择的结果——在这一过程中，雄鸟不断地争夺交配权，雌鸟则不断地做出选择，最终催生出了雄鸟在视觉上登峰造极的外观。然而，这仅仅是线翎极乐鸟的一个特性，是我们在人类生理所允许的时间尺度上从某个层面的因果关系上分析问题所得出的观察结果。在华丽的外表下，线翎极乐鸟还拥有复杂的身体结构，是一段古老进化史的结晶，其中包含众多细节，绝不是只能在日间观察极乐鸟并记录其毛色及舞蹈的博物学家所能想象的。

让我们暂且把线翎极乐鸟当作生物学研究的对象，对其进行拆解分析。线翎极乐鸟的染色体含有用于指导发育的编码指令，可以不出任何差错，让受精卵发育成雄性线翎极乐鸟。线翎极乐鸟的神经系统由神经纤维束组成，其复杂程度远超现在的计算机，如果想要进入其中一探究竟，你会发现这项任务将会比徒步探索新几内亚的所有热带雨林更具挑战性。有朝一日，我们将有能力观察线翎极乐鸟体内的微观事件，搞清楚它的传出神经元如何向骨骼和肌肉传输电信号指令，从而在一定程度上再现求偶期雄鸟的舞蹈。要想搞清楚极乐鸟舞蹈背后的机制，我们就必须进入细胞的微观世界，分析酶如何在细胞中催化化学反应，研究细胞的微丝骨架结构，探索钠离子在生物电信号传递过程中的主动转运。生物学是一门跨越时空限制的学科，每一步研究的新发现都会重新激发起我们心中的新奇感。在实验室内，科学家能够借助仪器，把人类感知的空间尺度缩小到微米，时间尺度缩短到毫秒，从而踏上一段奇妙程度不亚于博物学家实地考察之旅的旅途。在这段旅途中，科学家同样也可以登上山峰，俯瞰山下的美丽风光。他的冒险精神同样也可以得到满足，他同样也会历经苦难，在误入歧途，受尽挫折之后终于取得成功——这一切都与实地研究没有任何本质区别。

若用这样的方式描述生物学研究，我们似乎就可以用极乐鸟来比喻科学的那些最令人文学家厌恶的特征：科学会简化自然，对艺术缺乏敏感，科学家则全都是西班牙征服者，会把印加帝国精美的黄金制品熔化成金块。请容忍我把话说完。科学不仅注重拆解分析，也注重归纳总结。科学研究与艺术创作相似，也会用到直觉和想象力。在研究的初级阶段，分析动物个体行为的科学家可以把研究细化到基因和神经感觉细胞的层面上。此时，科学的确把动物的行为简化成了机械式的过程。然而，到了归纳总结的阶段，我们会发现，即便是上述生物学单位最基本的活动，也会在有机体和群体的层面上创造出丰富多彩、无比微妙的模式。线翎极乐鸟包括羽毛、舞蹈和习性在内的外在品质都是可以进行拆解分析的功能特征，只要能够准确地描述各个特征的构成部分，就可以获得更为深刻的理解。接下来，我们就可以把这些特征重新定义为整体属性，从而以令人惊讶和愉快的方式来改变我们的认知和情感。

终有一日，我们会把所有辛苦得来的与极乐鸟相关的分析信息进行归纳总结，让极乐鸟重新成为一个整体。此时，我们的头脑就会在这些新知识的帮助下，回到那个我们所熟知的用秒来计算时间、用厘米来测量距离的世界。极乐鸟五彩斑斓的羽毛再一次映入眼帘，重新成为我们在远处透过茂密的枝叶、浓重的积雾观赏到的美景。在我们的注视下，极乐鸟再一次睁开明亮的眼睛，转转头，张开翅膀，准备起舞。然而，与之前相比，我们已经知道，这些熟悉的动作背后隐藏着一系列更为复杂的因果关系。我们对极乐鸟这个物种有了更为全面的了解：原先的那些令人误入歧途的表象变成了指路明灯，让我们获得了更为深刻的智慧。此时，我们追求知识的旅途完成了一个循环。科学家寻求极乐鸟这个物种背后的物质本质的探索过程所带来的兴奋感渐渐消退，在一定程度上被一种更为持久的古老情感反馈所取代，这种情感反馈是我们人类作为猎人和诗人在探索自然的时候所感受到的。

这种古老的情感反馈究竟是什么呢？要想完整地回答这个问题，就必须同时用到科学和人文学的语言。此时，作为调查者的人类同时也变成了调查对象。人类与极乐鸟一样，也可以成为研究对象，用先拆解分析，再归纳总结的方式来进行研究。我们可以遵循悠久的传统，用传统艺术特立独行的方式在人类生理时间的尺度上远观人类情感和神话。然而，与科学出现之前的所有时代相比，我们现在已经可以对情感和神话进行更为深入的挖掘，去了解它们背后的物质基础，从分析相应的精神发育过程，到描绘大脑的结构，再到解读相关的基因。我们甚至还可以把情感和神话当作线索，沿着时间线不断回溯，在抵达人类文化史的源头后继续前进，去探索人性的进化起源。我们对生物学研究结果的概括总结每进入一个新的阶段，人文学的涵盖范围、学术能力也都会随之登上一个新的台阶。与之相对应的是，人文学每一次进行重新定位时，科学就都会开辟出全新的人类生物学领域。

第五章

物种的诗篇

The Poetic Species

"海盗 1 号"探测器在火星着陆是 20 世纪最激动人心的大事件之一。探测器原计划在美国 200 周年国庆纪念日，也就是 1976 年 7 月 4 日着陆，但实际的着陆时间却拖到了 7 月 20 日。很少有如此重大的事件会让科学家充满期待，急不可耐。尽管探测器着陆后马上就探测到火星有机体的概率微乎其微，但也绝非毫无可能；探测器有可能一举为生物学掀开全新的篇章。我知道许多人都满怀期待，关注着新闻，想要了解最新的进展，但我跟这件事着实有点关系。1964 年，我参加了一场由永远都热情洋溢的卡尔·萨根主持，以火星研究为主题的学术会议。我们在会上研究了目前最全面的天文望远镜数据，对火星这颗红色行星上存在生命的可能性以及火星生命的分析方式进行了全方位推测。我摇身一变，成了那场会议的"地外生态学家"，以半开玩笑的方式，对火星中纬度地区的那些时而扩张、时而收缩的深色区域的生物结构进行了没有任何实际依据的猜测（后续数据指出，这些深色区域其实只是沙暴）。会议没有得出任何令人信服的结论，却极大地拉高了参会者对美国国家航空航天局当时仍在制订阶段的火星探测计划的期望。

经过 12 年的漫长等待，到了 1976 年，所有人类终于得到了仔细观察火星地表的机会，可以在火星这个有可能发现生命的行星上展开一场近乎身临其境的探险。摄像头以探测器的支架为起点，以远方的地平线为终点，收集克律塞平原的影像资料，把最大分辨率在 1 毫米以下的彩色图片传回了地球。结果令人大失所望：火星的地表没有零散分布的灌木丛，镜头也没有捕捉到碰巧路过的火星动物。探测器伸出机械臂，获取土样进行化学分析，结果虽然发现了与生化反应相近的反应，但没有找到任何能够证明微生物存在的证据。总的来说，火星的影像仍然扣人心弦：探测器降落到了一个从许多方面来看都与地球极为相似的星球上。一片外表与地球上的沙漠十分相似的火星沙漠一直延伸到了远方的地平线；到了日落时分，地平线上方稀薄的火星大气更是会在夕阳的照射下短暂地发出粉色和青绿色的光芒。在距离镜头只有几英尺的地方，每一块半埋在沙土里的鹅卵石、每一个空气流动在土壤中形成的凹陷都像磁铁一样吸引着观察者的注意力，令人浮想联翩。

接下来，想象戛然而止。前一刻还令人头晕目眩的无限可能变成了已经掌握的知识。火星沙漠平原上冰冷的沙土先是出现在杂志刊登的照片上，之后又进入了技术专著、教科书和百科全书中。探险之旅变成了一系列显得有些平平无奇的事实，要么成为学生查阅的资料，要么只会在人们看闲书的时候被想起。这一过程完美地展示了科学的一个根本特性：神奇的感觉很快就会消失，关注的焦点马上就会转移。尽管还有大量知识有待发掘，但仅仅不到一年时间，科研的大潮就席卷而过，连同火星这一行星整个消失了。

研究热点之所以会如此迅速地失去热度，原因在于，科学文化的终极目标和衡量标准是新发现的真理，而不仅仅是某种抽象意义上的真理。科学家并不是为了获得知识而踏上发现之旅，而是为了踏上新的发现之旅而积累知识。这种本末倒置的现象并非只是科学的特征，而是科学的本质所在。如果把知识界比作部落，那么人文学家就会成为萨满，负责解读知识以及传承民间传说、仪式、圣典的智者，科学家则会成为侦察兵和猎手。科学家就算积累再多知识也不会获得奖赏。无论是诺贝尔奖，还是任何其他奖项，都只会颁发给那些外出狩猎，发现新现象、新理论的科学家。只要有一项伟大的发现，科学家肯定就会名垂青史，无论他做过什么样的蠢事，说过什么样的傻话，都不会影响他的地位。如果没有新发现，那么科学家多半会被遗忘，就算他才高八斗、学富五车也无济于事。人文学家积累的知识越多，地位就越高。他可以靠做批评家来获得不朽的历史地位，而这也的确是他应得的奖励，但科学家却没有这样的职业机会——至少就目前来看如此。在科学家中间，最有可能留下历史印记的批评家大都是衬托发现者的绿叶，原因是他们帮助发现者扫清了前进的道路上可能出现的错误。所以说，伟大的阿加西虽然受到了爱默生和朗费罗的追捧，是美国东海岸各大高等学府的偶像，但如今，一提到阿加西，大多数人都只记得他对达尔文的理论做出了错误的评价。

综上所述，科学家会投入科研生涯的全部时间，拼尽全力，前往知识的边缘地带，去追寻新的发现。20世纪早期最成功的数学家之一大卫·希尔伯特用一句话总结了相关的法则："如果科学的某个分支还有大量尚未解决的问题，那么这个分支就会存续下去；如果问题都已经解决了，那么这个分支即便不会消亡，也肯定会失去独立发展的潜力。"

科学家全然没什么浪漫主义气质。每天早上，他要么前往实验室，要么开始实地考察，心里只想着今天要是能有什么大发现就好了。他的工作性质与探矿者、寻宝人十分相似。对他来说，每一个小发现都可以与散落在海底的金币画上等号。科学家真正的工作，或说构成科学探索的骨骼和肌肉，其实像极了磨洋工：想办法找到一个值得研究的问题后，开始设计实验，分析实验数据，站在走廊里与同事讨论实验结果，之后再一边喝咖啡，一边咬铅笔，一边做出各种猜测，直到最终发现了——通常都不怎么太起眼的——新东西。接下来，他就要忙不迭地写信、打电话，之后还要用学界认可的术语写一篇简短的论文。绝大多数科学家都是勤勤恳恳、和善友好的工匠，他们并不绝顶聪明，只是在从事自己喜欢的职业，一步一步地去实现自己的目标。

爱因斯坦在马克斯·普朗克 60 岁的生日会上发表了演讲。他把科学比作神庙，指出一共有三种人在神庙任职。第一种人在神庙任职完全是出于功利主义的目的，他们想要一份事业，想要发明出对人类有用的东西。第二种人来到神庙是因为他们认为科学充满乐趣，可以让他们用自己超凡的智力来满足野心。接下来，爱因斯坦指出，如果上帝派来天使，把上面提到的这两种人赶出神庙，那么庙里面就只会剩下包括普朗克在内的极少数人——"而这也正是我们爱戴他的原因"。

那些在科学界最受尊敬的科学家全都具有强大的原创性，追求抽象的真理，无论自我意识和意识形态问题产生了多么强烈的噪声，也都不为所动。他们全都能通过这样一个严峻的考验——只要能推广新知识，就算名声会因此受到损害，也在所不惜。他们是托马斯·亨利·赫胥黎在祈祷中描绘的人物，能够直面事实，哪怕自己会因此身败名裂也绝不退缩。他们的主要目标是发现**优雅**的、大道至简的自然法则。如果想要他们接受一套理论，那么这套理论就必须对大量独立研究者的实验结果做出独特的解释，并且解释的合理性要超过所有其他同类理论。这样的理论经过大量实验数据的考证，是一件完美的工具，无论数据多难处理，甚至是对理论形成了严峻的挑战，都可以给出合理的解释。反过来讲，理想的实验就好似一块试金石，可以筛选不同理论提出的相互矛盾的主张，分辨出谁对谁错。无论是主流理论，还是为其提供依据的数据，都必须通过一个由一系列逻辑严密、能够定量的论据组成的网络与其他学科的解释互证，否则就会失去主流地位。

上述理念不仅整齐划一，还由于它催生出的深刻的认知问题，以及它背后蕴含着的生物学过程而变得更加有趣。优雅与其说是外界现实的产物，不如说是人类思维的产物。要想理解何为优雅，最有效的途径就是把它视为有机体进化的产物。人类的大脑不仅体积小，寿命也十分有限，只能靠优雅来弥补这些缺点。人类的大脑皮质是由功能与猿类等同的大脑皮质在自然选择压力长达数十万年的作用下进化而来的，在此过程中它必须使用各种各样的技巧来扩充记忆容量、加快运算速度。正因如此，我们的大脑才会擅长类比和隐喻，才会擅长把混乱的感知信息整合到一起，将它们用词语标记出来，以进行可行的分类，最后还要层次分明地把它们储存起来，以便快速调取。在很大程度上讲，我们都可以把科学视为一种以最小的能量消耗产生尽可能多的信息的方式。科学表述之所以有美感，是因为它不仅线条简洁，还具有对称美，可以带来惊喜，并且能够与其他的主流理念达成一致。正是因为科学之美有这样一个广为接受的定义，保罗·阿德里安·莫里斯·狄拉克才能在搞清楚电子的行为后提出，那些具有一定外在美的物理学理论最有可能是正确的理论，量子理论及相对论的完善者赫尔曼·外尔才能用下面这段更直白的话来表达自己的观点："一直以来，我的工作都是把事实与美结合到一起。但如果非要我在这两者中二选一，那么我通常会选择美。"

面对必须在事实与美之间二选一的难题时，爱因斯坦给出了这样一个回答："上帝才不会在意我们会遇到什么样的数学难题。他全凭经验，就能把万物整合到一起。"换言之，如果大脑拥有无尽的记忆存储空间、无限的运算能力，那么无论是什么样的系统，大脑都可以把系统的所有组成部分整合到一起来运算，就算这些组成部分体量再小，数量再多，也不会出现问题。数学和美学其实都只是工具，其出现的原因是，人类作为一个物种，只能通过遗传获得有限的智力，所以我们也只好借助工具来应对日常生活的挑战。美学与挑剔的味觉和性欲一样，也可以带来快乐。用更贴近机械论的语言来解释的话，那就是美可以刺激大脑边缘系统的回路，最终令人类获得更强的生存能力，产生更多的后代。对美的追求让科学家误打误撞，进入了时间与空间中人类尚未涉足的领域；结束探索之旅后，科学家便会报告探索成果，完成自己的社会使命。黎曼几何之所以广受赞誉，被认为能够与极乐鸟媲美，正是因为人类的大脑本质如此，会欣然接受几何学的对称美和力量。有了新的科学发现后，我们会分享快乐，举办庆功仪式，之后我们又会集体出动，去追寻新的发现。在一段悼念赫尔曼·闵可夫斯基[1]的演讲稿中，大卫·希尔伯特用花园中静谧的景色来描述人类无限循环的科学探索之旅：

> 我们对科学的爱胜过一切，这让我们走到了一起。在我们看来，科学是一座鲜花盛开的花园。花园

---

[1] 德国数学家，四维时空理论的创立者。——译者注

里有熟悉的小路，观赏者可以踱着步子，欣赏周围的美景，不费吹灰之力就享受到了乐趣，要是身边有志同道合的人陪伴，那感觉就更加美妙了。然而，我们也喜欢寻找隐秘的小径，发现许多意想不到的景色，大饱眼福；我们中只要有一个人发现了新的景色，就会马上指给另一个人看，一起欣赏美景，获得完美的快乐。

有些时候，科学创新听起来像极了诗歌，而在我看来，科学就是诗歌——至少在科学探索的初级阶段，情况的确是这样的。我们可以认为，完美的科学家应当拥有诗人的思维方式、书记员的工作习惯、记者的写作能力。完美的诗人无论是思考，还是工作，抑或写作，都应当保持诗人的本色。诗人和科学家这两种职业不仅会从完全相同的潜意识源泉中汲取灵感，还都依赖相似的原始故事、原始图像。然而，科学家的目标是，提出各种情况都必须遵循的概括性公式，寻求统一的自然法则，而艺术家则会立刻拿出只适用于特定情况的个例。这些个例所传播的知识会让接受者了解知识的传播者。艺术家的作品全都会被个性的火焰点亮，用罗杰·沙特克的话来讲，艺术作品最大的特点是，可以"把个体定义为能够为其行为负责的动因，甚至有可能令个体成为体现人类伟大之处的载体"。

艺术的目标不是展示某种现象如何出现、为何出现（这是科学的目标），而是直截了当地创造出某种现象。此外，艺术作品并不仅仅是来自内心深处的呼喊——艺术创作与科学研究一样，也对心灵修养有着极高的要求。托马斯·斯特尔那斯·艾略特指出，在诗歌领域，那个经常用来评判诗作是否崇高的标准其实并不准确。真正要紧的并不是诗作表达的情感有多伟大，而是艺术创作过程的强度以及造成艺术聚变的压力到底有多巨大。伟大的艺术家能够用外科手术般的方式产生脉冲来触动他人，从而准确地传达情感。他的作品在风格上是个人的，但在效果上是普遍的。

在理想状态下，艺术拥有强大的能量，足以冲破文化阻隔——在这种状态下，艺术拥有解读人类本性密码的能力。奥克塔维奥·帕斯的诗作《破碎的水罐》出色地达成了冲破文化阻隔的目标。墨西哥的历史充满了矛盾性，令帕斯感受到了强烈的撕裂感。他指出，墨西哥人的想象力天马行空，他们能够在脑海里描绘出绚丽夺目的美景。他们仰望天空，把苍穹当作画布，描绘出火炬、翅膀以及"一串串烈焰熊熊的岛屿"。然而，他们同样也会低头注视干涸的大地——这片大地象征着墨西哥在物质和精神上的双重贫困。一个有着巨大潜力的民族因为征服运动而四分五裂，被压迫得喘不过气来：

　　　　　　　　　　　　　　　　　　　亲生命性

光秃秃的山丘、冷却的火山、石块，还有把这片壮丽的景色当作背景的喘息声，还有干旱、尘土的味道、赤脚在尘土中行走发出的沙沙声，还有一棵矗立在视野正中央的大树，就好似一座石化了的喷泉！

最终的答案并没有以实用建议的形式给出——因为只要是建议，就有可能出错——而是从诗人寻找团结的视角回溯过去："más allá de las aguas del bautismo"①，给出了一个更稳固的、形而上的事实。帕斯写道：

生与死不是对立的世界，我们是长在一根梗上的双生花。②

墨西哥是一根开着两朵花的花梗，只要时间仍在延续，就不会分裂。

艺术的本质与科学的本质一样，也是提喻③，即谨慎地选取整体的一部分来代表整体。主题的某一特征，无论它

① 西班牙语，意为"回到受洗之前"，指墨西哥被信奉天主教的西班牙人征服之前。——译者注
② 原文是用西班牙语写就的。——译者注
③ 一种修辞手段，指不直接说某一事物的名称，而是借事物的本身所呈现出的各种现象来表现该事物。——译者注

是可以被直接感知到的，还是可以通过类比来暗示的，都能够准确地传达艺术家想要传达的品质。只需要一个令人惊奇的画面，就可以深深地触动观众。在《破碎的水罐》一诗中，"赤脚在尘土中行走发出的沙沙声"让读者感受到了墨西哥到底有多么穷困潦倒。诗人心里很清楚要与读者分享哪一种情感，才能让艺术冲击达到预期的效果。

毕加索对艺术的定义是，能够帮助我们看清事实的谎言。这句格言既适用于艺术，也适用于科学，原因是无论艺术还是科学，都在用自己的方式通过优雅的途径追寻力量。只不过，毕加索的这种变通式的表达虽然充满灵感，但仍然只是用来思考和传递信息的技巧。艺术与科学之间还存在着一个更为本质的共同点：两者都是探索之旅。把艺术和科学紧密地结合在一起的力量是人类的生理学特征，以及人类与其他有机体的关系。进行艺术创作时，艺术家会去探索心灵运行机制，而在进行科学研究时，科学家除了会把自己身边的世界当作研究对象，现在同样也越来越多地把目光转向了心灵的运行机制。意义同样重要的另外一点是，艺术创作、科学研究都依赖着形式相似的比喻和类比，原因是这两者都受到了人类大脑的限制，在处理信息时必须遵守严格而特殊的规则。

大多数科学家都会在某一时刻对自己的科学探索之旅形成自我认知。科研就好似一场豪赌：在短短几秒钟里

亲生命性

突然想明白的事情，也许就能带来巨大的科学进步。科学理论是硕果仅存的，同时也是规模最大的家庭手工业，是所有学科最主要的活力源泉。是不是存在某种隐秘的元公式，可以让大脑编写出能够用文字表达的科学理论？认知心理学家展开以创造力为对象的研究，试图找到这个问题的答案。在过去的十年间，认知心理学家在这一领域取得了长足的进步，原因是行为主义^①对心理学研究的桎梏逐渐减弱，对意识的研究变得越来越为学界所接受。此外，科学家对自己科学发现之旅的描述同样重要。包括弗里曼·戴森、约翰·伯顿·桑德森·霍尔丹、沃纳·海森伯、威拉德·利比、亨利·庞加莱、约翰·惠勒、杨振宁在内，许多伟大的科学家都发表文章，记录自己的探索之旅，让心理学家获得了一套不折不扣的案例汇编，能够以研究案例的方式去研究这种最令人捉摸不透的思维过程。

我十分幸运，能够在寻找元公式的过程中与才华横溢的数学家合作，去研究那些几乎没有理论基础，甚至完全没有理论支撑的课题——研究此类课题的时候，由于没有明确的理念框架，因此研究者完全无法借助现成的框架来有效地利用信息，把信息串联到一起，给出有效的解释。

———————————

① 行为主义是 20 世纪初起源于美国的心理学流派，认为心理学应该研究可被观察且可直接测量的行为，反对把意识当作研究对象。——译者注

我很早就发现，自己几乎完全没有数学天赋。数学天赋是与生俱来的东西，没有天赋的人无论后天付出多少努力、接受多少训练，也都无济于事——绝大多数人都无法成为小提琴演奏大师、长跑健将也是同样的道理。我上大学的时候努力学习，到了成为青年教授的时候，终于把自己的数学知识提升到了略知一二的程度。我可以连蒙带猜，大体上看懂数学期刊和高等数学课本上的纯理论文章，但如果让我开动脑筋，只写出几行原创的等式，就奇迹般地实现思维跳跃，以一两个简单的命题为出发点，得出反直觉的全新真理，那就强人所难了。我所具备的能力是，成为第一个发现问题的人，想象出在恰当的理论架构和完美的事实依据全都就位的时候，这个问题催生出的课题到底会发展成什么样子。换言之，我可以做侦察兵，但做不了建筑师。对我来说，杂乱无章、正等待着首条理论的科研领域是最具吸引力的。在我看来，没有任何规律的数据就好似闪闪发光的宝山——那种也许可以把这些数据拼凑到一起，组合成全新模式的感觉是最惬意的。这样的倾向把我变成了数学家天造地设的合作伙伴。数学家的思维方式；为什么他们用定量的方式进行推理的能力甩了我好几条街；这种能力上的差异到底会对研究结果产生什么样的影响；为什么我总是能提出建议，认为研究应当朝着某个特定的方向前进，但到了实际执行阶段，却又完全不知道该如何下手；为什么哪怕只是一丁点的进展，也会引发翻天覆地的变化——所有这一切都令我如痴如醉。

接下来，就让我以上述个人经验，以及其他科学家对个人感受的记录为依据，绘制一张粗略的路线图来描述科学创新的历程。你的起点是对某个学科的热爱。鸟类、概率论、大爆炸、恒星、微分方程、风暴的锋面、手语、燕尾蝶——你十有八九在还只是个小孩的时候就迷上了特定的学科。这个学科会成为你的北极星，能够在变幻莫测的精神世界中为你提供避风港。

一位分子生物学领域的先驱（他当时很年轻，因为分子生物学领域的大部分开创性工作都是在 1950 年后完成的）曾对我说，他之所以会沉迷于 DNA 分子的复制机制，最初的原因是，他小时候得到了一套建筑拼装玩具。他在玩玩具的时候发现，只要不断地堆积、排列相同的模块，就可以创造出无限的可能性。伟大的冶金学家西里尔·史密斯之所以会致力于研究合金科学，是因为他患有色盲症。他看不到颜色，所以在年纪很小的时候就注意到了自然界中随处可见的复杂的黑白图案，之后又把注意力转到了旋涡、花纹、条带等图案上面，最终走上了研究金属精密结构的道路。所有基于上述原因而走上创新之路的人都可以把阿尔贝·加缪的这句话当作心声："人类一生的工作只是缓慢的重新发现之旅，他只有借助艺术的力量，在走了许多弯路之后，才能再次目睹那两三个既伟大又简单，让他首次敞开心扉的景象。"

我们喜欢的学科多半已经被其他人研究得十分透彻，我们只能另辟蹊径，去寻找前人没有注意到的领域。科学之所以能够在西方的文化环境中蓬勃发展，正是因为这艰难的一步获得了西方社会的认可，其价值会得到承认，迈出这一步的探索者也会得到奖励。原创思想是最难获得的东西。即便是最有天赋的科学家，每天也只有很短一段时间可以用于原创思维，其时长很有可能连他工作时间的千分之一都不到。他一天中所有其他的时间都被用来紧贴已知知识的海岸线来回巡航，要么重复处理已知信息，要么添加次要数据，要么不情不愿地研究其他人提出的理念（对**我**来说，它们能派上什么用场呢），要么懒洋洋地自我陶醉，回忆之前的成功实验，要么寻找有待解答的问题——科学家永远都在寻找新的问题，想要以问题为起点，做成一点事情，无论这件事通向哪里，目的地在何方。

此外，科学家在寻找问题的时候还要把创新程度把握得恰到好处。这是一件很难拿捏的事情。如果一直都紧贴着已知知识的海岸，你就只能获得无关紧要的新数据。如果走得太远，你就有可能因为看不到海岸线而在茫茫大海中迷失方向。你会白白浪费许多年的时间；你的竞争对手会旁敲侧击，指出你的科研项目是伪科学；你会失去经费来源和其他的赞助支持；你会评不上教授、当不了院士。胆子太大的科学家会驶向世界边缘，最终万劫不复。

心理学家和能够在知识的海洋上扬帆远航的科学家有这样一点共识：类比是用来进行创造性想象的关键工具。汤川秀树用了长达 40 年的时间，一边研究强相互作用，一边思考这个问题，最终给出了这样的解释：

> 假设一个人发现了自己无法理解的事情，又恰好注意到这件事与自己十分了解的另一件事有些相似。只要把这两件事放在一起进行比较，他就有可能搞清楚那件自己此前一直都无法理解的事情。如果他的理解是恰当的，而且之前也从来都没有人提出相同的解释，那么他就可以宣称，自己的想法具有开创性。

至此，我们就回到了人类科学和艺术共同的起源地。创新者追寻的目标是其他所有人都还没有想到的类比。他千方百计，想要用论据、实例和实验来让自己的类比变得完美无缺。并不是所有第一眼看到的相似性都可以成为重要的科学理论，但它可以用类比的方式打开大门，让我们探索未知的领域。科学的类比完全符合艺术评论家用来评判隐喻的标准：把几个不同的单元综合成能够统观全局的景象，从而让观看者在不进行分析研究的情况下，以突然意识到客观联系的方式理解某一复杂的理念。

理论科学家一小步一小步地离开安全的已知世界，在险象环生的悬崖边上行走，用智慧不受任何约束的创新能力来解读自然。他们抽丝剥茧，把发现简化到能够用数学模型或其他抽象方式表达的程度，从而精准地定义他们感知到的联系。此后，他们就会用人类温暖的内心在允许范围内所能做到的最冷酷的态度，以看似不留情面的方式来检视已经不带任何修饰的理念。他们会设法运用自己提出的理念，以设计实验或进行实地考察的方式来检验理念的主张是否正确。接下来，他们就会按照科学研究的规程，或放弃理念，或暂时承认其正确性。无论结果如何，涵盖理念的核心理论都会不断成长。如果科学家提炼出的抽象概念经受住了考验，那么这个概念就会产生新知识，为思维的探索之旅提供新的起点。科学家先是进行天马行空的想象，之后又大量积累实实在在的数据，如此往复交替，终于书写出了同时符合想象和现实的世界运行法则，即自然法则。

踏上探索之旅的科学家要是有那么一点运气的话，他就算是随便找一个课题，很快也会发现，新的知识已经触手可及。1962 年，在我和罗伯特·H. 麦克阿瑟 30 岁出头的时候，我们决定在生物地理学领域进行一些新的尝试。生物地理学是研究动植物世界分布的学科，用来进行理论研究再合适不过了。这门学科在学术上很重要，但又充斥着冗杂的信息，同时存在研究人员不足、几乎没有定量模型等问题。此外，生态学、基因学是我和麦克阿瑟都自认为十分擅长的学科，而这两个学科与生物地理学的交界处好似地图上的一片空白，十分显眼。

那时候，麦克阿瑟是宾夕法尼亚大学的生物学副教授，职称与我在哈佛大学的职称一样。他后来跳槽到了普林斯顿大学，在那里度过了短暂的一生中最后的时光。他身高中等、体形消瘦、脸部棱角分明，显得十分帅气。与人打交道的时候，他会直视对方，奉上略带玩味的微笑，睁大着眼睛。他拥有男中音一样的音色，说起话来轻声细语，出口成章，只要说到重要的事情，就肯定会微微仰头，并咽一下口水。他的举止平静低调——如果知识分子能做到这一点，就意味着他不显山不露水，没有卖弄学问的毛病。几乎没有职业学者能做到少说两句，用简短的话语明确地表达自己的观点，所以麦克阿瑟惜言如金的习惯会让人觉得他所有的话都板上钉钉，不容修改，哪怕这并不是他的本意。实际上，这只是因为他是个容易害羞、沉默寡言的人。他并不是一流的数学家，只有极少数的科学家可以称得上一流的数学家，因为如果真的达到这样的水平，他们就会成为纯粹的数学家，但他却能够把自己仍然十分可观的数学天赋与非凡的创造力、恰到好处的野心以及——按照喜爱程度从高到低——对自然界、鸟类、科学的喜爱结合到一起。

学界一致认为，麦克阿瑟是他所在的那个时代地位最重要的生态学家。他利用进化论来解释种群增长和种群竞争的方式既具有原创性，又硕果累累，以至于现在的生物学家经常不那么正式地提出麦克阿瑟生态学派这样一种说法，而另一些学者则更注重公平性，提出了哈钦森－麦克阿瑟学派的说法，把麦克阿瑟在耶鲁大学求学时的导师——德高望重的乔治·伊夫林·哈钦森——也包含在内。1972年，麦克阿瑟因肾癌去世。在他即将在睡梦中离开人世的几小时前，我从剑桥打电话到普林斯顿，与他畅谈许久。我们的谈话与十年前没有任何区别。我们谈到了熟悉的话题：生态学的未来、进化论关键的未解之谜、同事们的优点。麦克阿瑟侃侃而谈，发表对这些问题的看法，就好像觉得自己还能再活一百年似的，这再一次证明了他作为学者的崇高境界。

1960年，在我刚刚认识麦克阿瑟的时候，我长达十年的实地考察工作正处在收尾阶段。那时的我已经对动物的地理分布有了详尽的了解。我的足迹遍布太平洋沿岸地区及许多其他地区，我搞清楚了数百种蚂蚁的分类问题。我隐隐地感觉到，动物的分布虽然表面上杂乱无章，但其中却隐藏着某种普遍的秩序，暗含着某种有待发掘的重大过

　　　　　　　　　　　　亲生命性

程，只是苦于自己只有一个模糊的概念，只能勾勒出一个大体的轮廓。我们的第一次讨论言简意赅（和麦克阿瑟说话的时候我会不自觉地使用简练的语言），但我们还是很快就意识到，只要捅破一层窗户纸，就可以获得有价值的发现。我把我们与这一主题相关的谈话、来往信件压缩成了下文中的对话，目的是把物种平衡理论的关键产生过程展现在各位读者的眼前——这看起来几乎不可思议。

威尔逊：我认为生物地理可以成为一门科学。生物的地理分布有着惊人的规律，但目前没有人给出任何解释。举例来说，岛屿越大，生活在岛上的鸟类和蚂蚁的种类就越多。只要先观察如巴厘岛、龙目岛之类的小型岛屿的情况，再前往诸如婆罗洲（加里曼丹岛）、苏门答腊岛之类的大型岛屿，你就会发现其中的差异了。岛屿的面积每增加十倍，岛上的物种数量就差不多会翻一番。除了鸟类和蚂蚁，大部分数据充足可靠的动植物物种似乎也都表现出了相同的趋势。接下来，我这里还有另一块拼图。我发现某种新的蚂蚁在从亚洲和澳大利亚出发，向夹在这两块大陆之间的岛屿——比如新几内亚岛和斐济群岛——扩散的过程中，早先已经在这些岛屿上定居的那种蚂蚁会被这些后来者取代。在物种的层面上，这种现象十分符合菲利普·达林顿和乔治·辛普森的观点。他们的研究证明，在过去，主要的哺乳动物群体——比如把所有种类的鹿或者所有种类的猪都算作一个群体——通常都能在扩大分布区的过程中取代原先生活在南美洲和亚洲的其他主要动物群体，从而占据与这些被取代的群体完全相同的生态位。所以说，自然界似乎在物种的层面上存在某种平衡，在达成平衡的过程中，不同物种之间的相互取代就好似浪潮一样席卷全球。

麦克阿瑟：没错，这是一种物种平衡。任何一座岛屿似乎都只能承载有限数量的物种，如果有新的物种在岛上定居，那么原有的物种就只能走向灭绝。让我们在整体上把这件事视为某种物理过程。让我们设想一座岛屿不断有物种迁入，从没有物种定居到达到物种数量上限的这样一个过程。这只是个比喻，但还是有可能让我们得到有用的结论。在岛上定居的物种越多，物种灭绝的速率也就越高。换个说法来讲：岛上生活的物种数量越多，那么任何一个给定物种走向灭亡的概率就会越大。接下来，让我们把目光转向新迁入的物种。每年都会有属于某个物种的少数个体或借助风力，或搭乘浮木，抵达岛屿，如果我们讨论的是鸟类这样有飞行能力的动物，它们就更是可以凭借自己的力量抵达目的地。在岛上定居的物种数量越多，每年登岛的新物种数量就会越少，而这背后的原因仅仅是，岛上的物种越多，能够在这座岛上被称作新物种的外来者就越少。接下来，我会从物理学家或经济学家的角度来解释这种现象。岛屿上的物种越多，物种灭绝的速率就越高，而新物种迁入的速率则会下降，直到灭绝速率和迁入速率达到相同的水平。所以显而易见的是，岛屿上的物种数量实现了动态平衡。一旦灭绝速率变得与迁入速率几乎完全一样，就算组成岛屿动物群的具体物种会发生稳定的变化，岛上的物种**数量**也会一直保持相对不变。

现在，就让我们稍微摆弄一下物种的灭绝和迁入曲线，看看这样做会造成什么样的后果。首先，让我们缩小岛屿的面积。这样一来，物种灭绝的速率肯定会上升，原因是种群的规模越小，就越容易灭绝。如果栖息在树林里的某种鸟类只有 10 个个体，那么与有 100 个个体的物种相比，在给定的一年时间内，这个只有 10 个个体的种群数量归零的可能性肯定就要高得多。然而，就算岛屿变小了，新物种迁入的速率也不会受到多大的影响，因为就距离大陆很远的岛屿而论，就算面积差异很大，对那些以岛屿为目的地的有机体来说，地平线的宽度也不会发生太大的变化。综上所述，面积小的岛屿会以更快的速度达到平衡状态，在平衡状态的时候岛上的物种数量也要更少。接下来，让我们把距离当作唯一的因素来展开讨论。岛屿与迁入物种的来源地距离越远——比如说，夏威夷岛和新几内亚岛都是太平洋岛屿，但前者与大陆之间的距离要比后者远得多——那么每年登岛的新物种数量就会越少。然而，岛屿物种的灭绝速率并不会因为距离的变化而发生变化，原因是无论动物还是植物，只要一个物种已经在岛上定居，那么不管岛屿与大陆之间的距离有多远，该物种的灭绝速率都不会随之发生变化。所以说，岛屿距离大陆越远，岛上的物种数量就会越少。这完全就是一个几何问题。

几周后。我们坐在麦克阿瑟家起居室的壁炉旁，旁边的一张咖啡桌上摆满了笔记和图表。

威尔逊：到目前为止，一切都是说得通的。岛屿面积越小，距离大陆越远，岛上的鸟类和蚂蚁的数量**的确会越少**。我们可以把这两种趋势命名为**面积效应**、**距离效应**。让我们暂且把这两种效应当作理所当然的事情。我们要怎么做才能确定它们能够证明物种平衡模型是正确的呢？我的意思是，其他学者十有八九会提出能够与之匹敌的理论，对面积效应和距离效应做出解释。如果我们宣称模型预测的结果证明了用来进行预测的模型是正确的，那么我们就陷入了逻辑学家口中的"肯定后件式的逻辑谬误"①。要想打破僵局，我们就必须证明，用我们提出的模型进行

① 肯定后件式的逻辑谬误是一种形式谬误（推理形式错误的论证），指拿出一个正确的条件性陈述（"灯坏了，屋子就会变黑"），把条件和结果颠倒过来，提出这同样也是正确的（"屋子黑了，所以灯肯定坏了"），但实际上这样的陈述并不一定正确。——译者注

亲生命性

预测，能够得到所有其他人提出的模型都无法预测到的独特结果。

麦克阿瑟：好吧，这就是我们靠纯粹的抽象讨论得到的结果——让我们进行下一步吧。试一试下面这个印证方法：把灭绝曲线和迁入曲线放到一起，在两条曲线交会的地方找到物种平衡点，它们是两条倾斜角几乎相同的直线。只要进行基础的微分计算，你就会发现，岛屿的物种数量达到上限的 90% 所需的时间，应该几乎正好相当于达到平衡时的物种数量除以每年灭绝的物种数量所得到的商。

威尔逊：让我们看看喀拉喀托火山岛的情况吧。

喀拉喀托火山岛位于爪哇岛和苏门答腊岛之间，是巽他海峡中的一座小岛，火山曾于 1883 年 8 月 27 日猛烈爆发，爆发威力大约相当于 1 亿吨梯恩梯（TNT）。这次爆发除了引发席卷印度洋的海啸（这场海啸甚至影响到了英吉利海峡停靠在锚地内的船舶），还把喀拉喀托火山喷发后残余的大部分地区覆盖在一层炙热的火山石之下，杀死了岛上所有幸存的生物。科学家们意识到，他们获得了百年一遇的机会，可以观察生命将如何重新在毫无生机的岛屿上定居。从 1884 年起，到 1936 年为止，荷兰殖民当局组织了多次大规模考察行动，记录了动植物重返喀拉喀托岛的过程。考察收集到的数据零散地在各式各样的文章、书籍上出现，但在之后的多年间，学界却几乎没有利用这些数据——主要原因是，当时并不存在能够进行定量分析的岛屿生物地理学理论。

荷兰人在报告中指出，植被以极快的速度重新占领了喀拉喀托岛。不到一年，岛上被雨水滋润的火山灰上就长出了第一批绿色植物，而到了1920年，岛上的大部分地区已经成了茂密的森林。在同一时期，数量和种类繁多的动物成了这座海岛的居民。相关期刊对岛上鸟类物种的数据进行了尤其详尽的报道。我和麦克阿瑟查到了喀拉喀托岛的面积数据，把它放在了我们绘制的以岛屿面积为横轴，以物种数量为纵轴的关系曲线上。按照曲线的预测，达到物种平衡时，喀拉喀托岛上应当有30种鸟类。荷兰人发表的考察数据指出，岛上的鸟类数量用了30年时间达到了平衡值的大约90%。用基础的物种平衡方程进行预测就可以得出，到了20世纪20年代末，岛上每年都差不多会有一种鸟类灭绝（也就是30个种类除以30年），被新迁入的物种取代。我们心急火燎，开始迅速地翻阅相关报告。荷兰科学家会在报告中提到灭绝事件吗？他们的确记录了灭绝事件。他们指出，喀拉喀托岛的一个令人印象深刻的特点是，岛上的鸟类物种周转率极高。我们通过计算得出，荷兰科学家的考察数据可以证明，岛上每五年就

　　　　　　　　　　　　亲生命性

有一种鸟类灭绝。这一速率虽然仅相当于我们预测结果的五分之一，但却仍然远高于大多数博物学家对类似岛屿的物种灭绝速率做出的预期。如果暂且把那些发生在考察间歇期，没有被观测到的灭绝及迁入事件也计算在内，那么我们的预测就会变得更加贴近现实。

其他生物学家以上述简单的数学模型为依据，提出了物种动态平衡理论。生物多样性会在上升到一定的水平后维持不变，但构成生物多样性的物种却仍然会以可以预测的速率灭绝和迁入——这是令生物学家兴奋不已的理论。这套理论不仅适用于大洋中的孤岛，也适用于"生境孤岛"，比如被草地包围的小片林地，被陆地包围的池塘、溪流——实际上，只要一个生境被不利于其中有机体生存的环境包围，那么这个生境就可以被视为孤岛。所以说，这套理论甚至可以用来预测自然公园和自然保护区在数年乃至数百年后是否仍然具有保护作用。

换言之，物种平衡理论是启发式的理论。它可以促进新的研究，是一个科学界十分看重的品质。启发式的理论不仅可以回答一些已经提出的问题，还能在回答的过程中提出新的问题，并同时给出解决问题的技术路线。这样一来，很快就会有许多科学家进行更深入的研究了。一方面，山顶、湖泊、珊瑚礁和装在瓶子里的水都成了作为研究对象的生境孤岛，另一方面，学界又以物种平衡理论为依据，提出了用于设计自然公园的指导方针。世界自然基金会选出了一些相关模型，用来指导马瑙斯附近雨林保护区项目的设计工作。这一切都十分振奋人心，但问题在于，我和麦克阿瑟最初提出的模型太过简略，无法对上述所有情况做出准确的预测。科学家提出一系列全新的经典理论，再以理论为依据，来开展相关的实验工作。对物种平衡的研究不断发展，成为生态学的一个多彩而又复杂的分支学科。20 年后，其他生物学家已经做出了同等甚至更为卓越的贡献，以至于我和麦克阿瑟的贡献已经融入其中，变得难以分辨。我们的贡献中有用的部分都已经被打碎，成了主流知识的一部分，而主流知识则每年都在变得更加宽广，且都在调整方向。

这便是科学的运行方式。科学家也许可以像诗人那样思考问题，但他想象的产物却十有八九无法原封不动地保存下来。学界经常有人提出，要判断一个学科是否成功，就要看学科的创始人被人遗忘的速度有多快——或者更准确地讲，要看在教科书和学科指南手册中，学科创始人会以多快的速度被后来者取代。麦克阿瑟的画像没有挂在画廊里被景仰；生物学家不会去查阅他在《美国国家科学院院刊》(*Proceedings of the National Academy of Sciences*)上发表的文章，试图找到隐藏在其中的细微差别和象征意义。麦克阿瑟令科学的一个主要分支发生了不可逆转的变化，从而以他自己想要的方式实现了永生。

在灵感之火点燃的那一瞬间，直觉和比喻最为重要，而这同样也是艺术家与科学家最为相似的时刻。然而，艺术家并不会像科学家那样去追寻自然法则，并在这一过程中放弃自我，融入知识的海洋。他会动用自己所有的技巧，设法在第一时间把影像展现在观众的眼前，从而达成影响他人情感的目的。为了达成艺术的目的，艺术家必须小心谨慎，既要避免给出明确的定义，也不可展示内心的逻辑过程。

1753 年，洛思主教在《希伯来圣诗讲座》（*Lectures on the Sacred Poetry of the Hebrews*）一书中恰如其分地定义了诗人的思想：诗人的思想并不满足于朴实而准确的描述，而是设法表达更高层次的情感。"这是因为激情在本质上就有夸大的倾向，诗人会以令人惊异的方式放大和渲染心里想的东西，之后又会想尽办法，以生动、大胆、华丽的方式把所思所想表达出来。"

我们可以用现代的术语来表达上述基本品质。从生物学上讲，人类大脑倾向于进行话语交流，从而令思维变得更加开阔。用理查德·罗蒂的话来讲，人类是一个充满诗意的物种。艺术、音乐和语言这三个领域的符号承载着远超其字面含义的力量。所以说，每一个这样的符号都蕴含着大量的信息。数学公式可以让我们在知识的海洋上冲浪，奔向未知的领域，而艺术符号则能够以新颖的形式总结人类的经验，从而激发起他人更强烈的感受。人类是一个靠符号尤其是语言符号生存的物种——如果我们把生命等同于思想，那么这句话就不是比喻，而是客观事实，原因在于人类大脑的结构决定了符号几乎是人类处理信息的唯一方式。

我在前文中提到，艺术是人类用来探索和发现新事物的工具。此外，那些权威性毋庸置疑的艺术家、艺术观察家同样也强调了艺术的其他功能。按照塞缪尔·约翰逊给出的定义，艺术的目的是寓教于乐。济慈指出，艺术的目的是以提炼共同情感的方式来提升境界。不——戴维·赫伯特·劳伦斯提出了不同意见，认为艺术的作用是体现在道德上的。按照理查德·艾伯哈特的说法，艺术是可以对抗死亡的咒语，能够用来创造自我、保存自我。在那些更为平实的文化人类学家看来，艺术最主要的功能是表达社会目标。实际上，确定共同的社会目标也许正是推动旧石器时代岩画艺术发展的根本动力。欧洲早期的口头诗学肯定起到了这样的作用——比如在荷马时代，目不识丁的吟游诗人会参加节日庆典的表演，吟唱《伊利亚特》《奥德赛》，从而成为古希腊主要神话传说的传播者。到了艺术无法继续凝聚社会目标，传统和品味因文化发展而碎片化后，艺术评论家就变成了一个必要且备受尊敬的职业。接下来，我们就会见证革命性的艺术，它将突破创新的边界，宣扬全新的社会与文化。

上述所有功能都受制于客观条件，会以不同的方式实现。尽管如此，所有公认的重要艺术作品似乎都有一个共同的特点：探索心灵的未知领域。与科学探索一样，艺术对未知领域的探索同样兼具目的性与试探性。诗人专注于对内心世界的探索，会用遥不可及的诗作来吸引我们的注意力。视野的边界上好像有什么东西动了一下，我们似乎瞥见了某种新的联系，但它只持续了一小会儿，很快就消失不见。诗句倾泻而来，包围一切，我们眼前的景象变得越来越真实，一开始看起来是那么熟悉，之后又是焕然一新的感觉。这就好像托马斯·金塞拉在《仲夏》（"Midsummer"）一诗中描绘的那样：

> 蛰伏了整整一年，
> 躲了起来，一动不动的鹿，
> 它突然变得妙不可言，
> 分开充满悲剧色彩的草丛，乖乖地靠上前来，
> 仰起完美的头颅，
> 迎接我们的到来。

然而，诗人不会带着我们继续靠近。如果他不停下脚步，诗中准确的影像就会荡然无存，变成抽象的描述；光和美就会凝结到一起，变成一行又一行的公式。这便是艺术与科学最根本的不同之处。诗人感兴趣的世界是思想的世界，而不是为思维过程提供基础的物质世界。理查德·艾伯哈特热衷于观察自然，也与罗伯特·麦克阿瑟一样沉醉于新英格兰鸟类的歌声中。虽然他并没有像麦克阿瑟那样，从歌声出发，得出生态学的数学理论，但我敢肯定的一点是，在听到鸟儿歌声的那一刻，想象力在他们的脑海中掀起了几乎同样的波澜，让他们感受到了同样充满张力的快乐；只不过，我同样也很清楚，这两个人之后肯定会分道扬镳，诗人会去探索内心世界，科学家则会探索外部世界，从而变成了完全不同的存在：

> 不，要让躲在松林高处的鸫，
> 变得更加模糊不清，只留下难以捉摸的歌声，
> 只闻其声，鲜见其形，如果它永远不现身，
> 那就希望它永远只属于我那强烈的记忆。

为了让咒语生效，诗人会驻足不前，无论是他本人，还是我们，都不能再靠近一步。在这里，我们再一次发现，那个名叫"花园里的机器"的困境不仅存在于美洲大

亲生命性

陆上，同样也出现在人类思想的雨林中。我们内在的情感促使我们去寻找新的栖息地，去穿越尚未涉足的大地，但我们却仍然渴望无边无际的未知世界所带来的神秘感。自由自在的鸟儿（鹬、夜莺、极乐鸟）是地图上空白之处的统治者，对人类的存在一无所知，可以同时成为艺术和科学当之无愧的象征。

我之所以要强调诗歌的广泛作用，是因为我想要证明，尽管艺术与科学在运作方式上存在本质差别，但到了揭示人类本性的层面上，它们有可能殊途同归。直到最近几年，科学对心理的研究也仍然浅尝辄止。就连那些认为心理过程有物质基础的科学家也认为，心理过程转瞬即逝，必须交给其他领域的学者，用完全不同的思考方式来研究，最终产生的研究论文也肯定与科研论文泾渭分明——简而言之，对心理的研究属于人文学的范畴。现如今，所有这一切都已经被推翻。认知心理学崭露头角，成为极具生命力的学科。对神经系统和人工智能的平行研究正在不断地让我们获得新的见解。科学家已经把人类的大脑视为实证研究最后的前沿阵地之一。来自基因学、分子生物学以及其他相关学科的科学家纷纷涌入这一领域，想要一探究竟。

长期记忆是当前最受关注的研究课题。从本质上讲，我们就是我们的记忆，或者说是我们在未来的某个时间点所拥有的记忆。人类产生记忆的方式是，把新的意象及概念与旧的意象及概念结合到一起。思想的尺度及其占据的空间会像珊瑚礁那样扩张，一边以已经形成的稳定部分为基础，不断向外添加枝杈和横层，一边不断地加固核心部分。一种广泛运用的学习理论使用了虽然更抽象，但却十分相似的比喻，即节点－链接模型。节点就是诸如狗、红色、树皮、地上、奔跑和牙齿之类的概念。每个节点都会与其他节点相连，只要激活记忆中的某个节点，与这个节点相连的整组节点都会跟着被激活。狗的意象（甚至仅仅是"狗"这个字）有可能激活包括红色、奔跑、地上、毛皮、牙齿在内的概念以及许多其他大脑活动：被串联起来的记忆；随着时间的推移，时而启动、时而休眠的节点－链接架构；只能用恐惧、喜爱之类的笼统词汇来形容的情感节点。大脑会以一种被某些心理学家称作扩散激活的方式来试探和适应。无论是出现了新的意象，还是外部条件发生了改变，它都会把越来越广泛的节点、链接圈层纳入激活范围，来寻找相似点，最终在之前储存在长期记忆中的类别和类比中找到最适合的选项。

假设某种陌生的新动物离开盘根错节的灌木丛，进入了我们的视野，它有可能像狗，有可能像猴子，还有可能与某种其他动物十分相似。这种动物也许太过新奇，导致大脑进入过载状态，干脆放弃了寻找相似之处的工作，转而给眼前的动物起了个新名字，并同时给出了与平时相比更全面的描述，从而建立起全新的节点－链接集群。

> 这只长着深色毛皮的动物——让我们暂且把它命名为 X——个头比狗小，耳朵与蝙蝠的耳朵很像，有一双闪闪发光的圆眼睛，牙齿与老鼠的牙齿相似。它一边蹑手蹑脚地缓慢爬行，一边用像蜘蛛腿一样细长的指头到处乱戳。入夜后，它会在树梢上游荡。拿着火把，沿着林间小道行走的原住民只要偶尔看到了它，就全都会因为迷信①而被吓得半死。（这种奇怪的动物其实是马达加斯加的指猴。）

所以说，我们现在已经能够对理论科学家和艺术家——他们可以算作同一类梦想家——在原创思维的初始阶段所做的事情做出更明确的描述。这是一种受控的生长，是训练有素的思想不断扩张，去占领概念和链接仍然处在萌芽状态甚至完全不存在的隐秘领域的过程。

天赋就是上述专长把能量、胆量、运气当作翅膀，

---

① 指猴是马达加斯加特有的生物，与其相关的迷信包括：它是邪恶的，会带来死亡；如果有人被它用最长的那根指头指了一下，那个人就必死无疑；如果它出现在了村子里，肯定就会有村民去世。——译者注

一飞冲天的结果。1913年，信奉印度教的职员斯里尼瓦瑟·拉马努金给英国数学家高德菲·哈罗德·哈代写了一封后来十分出名的信，在信中展示了把能量、胆量和运气结合在一起所能爆发出的力量。拉马努金仅仅靠一本晦涩难懂的高等数学教材，在25岁时就已经独立地回答了一些欧洲最有天赋的数学家用一个多世纪才终于找到答案的问题。在信中列出的方程式中，有一小部分是已经发表的研究成果：拉马努金的方程式（1.8）是由雅可比首先证明的拉普拉斯方程，而方程式（1.9）则与罗杰斯在1907年时发表的方程式完全相同。哈代指出，方程式（1.5）、（1.6）看起来有些眼熟，是可以被证明的，但证明工作必须付出惊人的努力。接下来，拉马努金在信中列出了全新的研究成果：

> 方程式（1.10）—（1.13）属于完全不同的层次，显然既难懂，又深奥……我完全搞不清楚方程式（1.10）—（1.12）是怎么回事，我从来都没有见过与这三个方程式哪怕有一丁点相似的东西。只要看一眼这三个方程式，就可以证明其作者肯定是超一流的数学家。它们肯定是真的，因为如果它们是假的，那凭空捏造它们的想象力就肯定已超出人类的范畴。

它们肯定是真的：文学和艺术领域的杰出成果让我们跟随文学家、艺术家的脚步前行，直到意识到创作成果的真实性不言自明的时刻——这样的成果同样也配得上"它们肯定是真的"这句话。艾略特写道："除非我们中间有少数人能够把超凡的感受力与卓越的文字表达能力结合到一起，否则我们表达情感的能力会逐渐退化，我们的感受能力也会每况愈下，直到我们只剩下最粗鄙的情感。"人类的认知能力只有程度上的差异，并不存在种类的阻隔，但正如滑翔机只要突破临界速度就能起飞那样，人类的认知能力也会在突破某个临界点后取得具有质变性的新成果。

　　以认知能力的发展为对象的研究指出，在脑力增长的过程中，大脑会优先探索某些渠道，把另一些渠道放在次要地位。大脑的某些反应是无意识的，可以用个体几乎完全感知不到的生理学变化来衡量。举例来说，比利时心理学家格尔达·斯梅茨用脑电图来研究人类对图像的反应，发现大脑的最高兴奋度（用 α 波抑制来衡量）会在图像中含有大约 20% 的冗余信息时出现。冗余度在 20% 上下的图像的例子包括：匝数为 2~3 的螺旋、相对简单的迷宫、由大概 10 个三角形组成的整齐的图形。无论是只有一个三角形或一个正方形组成的简单图像，还是复杂度太高，超过了最优程度的图像——如难度太高的迷宫，或者由 20 个四边形随意堆砌而成的图像——都无法令大脑达到最高兴奋度。上述实验数据并不是生物化学中的偶发事件所造成的结果。在实际生活中，无论是选择象征符号，还是欣赏抽象艺术，对人类最有吸引力的复杂程度都与斯梅茨在实验中发现的最佳复杂程度相近。进一步来说，这种对特定复杂程度的偏爱在我们生命的早期就已经根深蒂固。拥有 5~20 个角的视觉设计对新生儿的吸引力最强，会让他们一直盯着看。在之后的三个月间，新生儿对图形的喜好会逐渐发生变化，最终变得与斯梅茨用脑电图测得的成年人最喜爱的图像模式完全相同。此外，并没有任何预先设置的条件，也没有任何其他琐碎的事情能够决定人类的最佳审美体验。我们很容易就可以想象，如果大自然在另一个时间点，或者在其他的行星上演化出了同样拥有智力的物种，那么它们会拥有与我们不同的眼睛、视神经、大脑，它们的最佳图像复杂程度和艺术标准也会与我们的截然不同。

我们可以合理地做出推断，指出尽管精神发育的规律才刚刚受到实验心理学的重视，成为客观研究的对象，但艺术家却早已运用这套规律，创作出了符合规律的作品。如果从这个截然不同的角度来看问题，我们就能更清晰地认识到科学与艺术之间的区别。科学的主要关注点是与心理发育规律相关的抽象品质。与之相对应的是，无论是节点－链接架构本身，还是它们的情感色彩、音色、节奏、还原个人体验的能力，以及它们所产生的转瞬即逝的意象，都更贴近艺术的领域。无论是进行科学研究，还是从事艺术创作，那些能够以难以阻挡的方式激发精神结构的符号、神话都同等重要。放眼世界，某些特定的重要神话，诸如世界的起源、灾难与重生、光明力量与黑暗力量的斗争、地球母亲，以及少数其他的重要神话，都肯定会在不同的文化中反复出现。一些重要性较低，与个人经历更为贴近的神话会在描述危机的诗歌、浪漫故事中出现，能够以读者难以察觉的方式融入传说和历史。这些故事会自然而然地带来深层的乐趣，能够轻而易举地被人们口口相传，所以与其他故事相比，此类故事更容易进入仍处在发育状态的心灵世界，也更有可能汇聚到一起，形成人性的共同点。1900 年，叶芝发表了一篇探讨雪莱的文章，在文中指出，追寻抽象真理的理论家和歌颂细节的自然主义诗人是截然不同的两类人。叶芝认为，在精神世界里，无论哪一代人，都无法参透任何一个符号所蕴含的所有含义。艺术家只有不断地发现古老的符号，才能表达出跨越世代的意义，从而把绚丽多彩的自然全景展现在人类的眼前。

只要视觉艺术家在展示自身深层思想渠道的过程中，能够让我们的深层思想渠道变得有意义，我们就不应当因为他们的作品太过夸张而感到担忧。尽管每个人的内心世界都与众不同，但归根结底，所有人的心理活动都必须遵从生物学法则。尽管每个人的内心世界都好似一片新发现的岛屿上的森林，拥有独特的地形地貌，是之前闻所未闻的生命形式的家园，所有这一切都应当因为其内在价值而备受珍视，但我们每个人的心理活动都与所有其他的生理过程一样，也是完全相同的遗传过程的产物。艺术作品能否被观众理解，关键要看它是否具有延续性：无论作品的表现方式有多蜿蜒曲折，艺术家在选择意象的时候也必须把人类共同的经历和价值观当作源泉。1919 年，美国现代主义艺术家约瑟夫·斯特拉基于这一理念，创作了名为《我的生命之树》（*Tree of My Life*）的画作，在画中把自己无比高昂的乐观精神转化成了心灵世界中的现实乐园。在画家的笔下，色彩艳丽的热带动植物成为象征物。斯特拉描绘了促使自己创作这幅作品的内心感受：

> 那是四月一个晴空万里的早上，我发现自己沉浸在欢乐的歌声、四溢的香气中——鸟的歌声、花的香气正准备洗礼我的新作，而在我新生的希望之树上，鸟和花已经成为点缀嫩叶的珠宝。

从各种意义上讲，我们人类都是一个生物物种，如果没有了生命的余额，就几乎找不到任何终极意义。如果科学能够把目光转向艺术家追寻内心世界的旅途，用研究生物学的方法来研究艺术和文化，如果艺术家和艺术评论家能够了解心理活动的运行机制，用科学的方法来照亮自然世界，那么科学和人文学的各个学科就会组成一个释放出绚丽火光的完美圆环。至少从原则上讲，人文学的研究没有禁地，科学的研究也同样不会有禁地。

第六章

巨蛇

The Serpent

巨蛇的形象以极具戏剧性的方式弥合了科学与人文学、生物学与文化之间的鸿沟。蛇的意象由符号组成，能够带来魔法一般的预兆，可以轻而易举地在做梦、冥想的时候进入我们的意识。它来无影，去无踪，不会让我们认为自己遇到的是真正的蛇，而是会留下记忆，让我们认为自己看到了巨蛇这种更强大的生物，令我们回想起它笼罩在迷雾中，既令人恐惧，又让人好奇的样子。

　　上述与蛇相关的特征一直在我一生中经常进入的一个特别梦境中占据主导地位，其中的原因我将在后文中设法解释说明。在这个梦中，我发现自己身处一个草木丰盛的有水之地，周围一片寂静，眼前的所有一切都是灰色的。我走进这座阴郁的森林，一种异样的感觉涌上心头：

我眼前的土地无比神秘，处在未知领域的边缘，虽然可以平复心境，但同时也令人望而却步。我奉命来到这里，但在梦境中却一直都搞不清楚这背后的原因。突然间，巨蛇出现在我的眼前。它并不是普通的蛇，不是寻常的爬行动物，而是更具威胁的存在，蕴含着非同一般的力量。它体形巨大，但具体的大小难以确定。在我的注视下，它扭动肌肉发达的身躯，先是潜入水中，躲在气生根下面，之后又回到岸上，它的大小和形态变化万千，但它一身鳞甲始终气势汹汹。它张开长着毒牙的大嘴，眼睛散发出冷酷的、非人的智慧之光。不知为何，我意识到这条巨蛇是这片阴暗森林的守护灵，负责看守通往密林深处的道路。我的感觉是，如果我能抓住它，控制住它，甚至只是躲开它，那么周围的环境会发生翻天覆地的变化。虽然我无法立即说出这是一种什么样的变化，但却呼之欲出，激起了古老的、让人难以名状的情感。我同样也隐隐地感觉到了巨蛇的危险——这种危机感就好似有人在我面前挥舞利刃，又像极了我已经站在了悬崖边上。巨蛇既能带来生命，又能夺人性命，既诱人，又奸诈。它扭动身躯，离我越来越近，变得咄咄逼人，似乎马上就要发动攻击。突然，梦境在这样令人不安的氛围中结束，没有任何明确的结局。

蛇是有血有肉的爬行动物，巨蛇是像恶魔一样出现在梦境中的意象，二者的关系不仅揭示出了我们与自然世界的复杂关系，也让我们认识到所有的生命形式都拥有内在的魅力和美。即便是最致命、最令人作呕的生物也能给人类的心灵带来魔法一般的感受。人类生来怕蛇，或者更准确地说，几乎所有人到了 5 岁之后，都会表现出一种内在倾向，即自然而然地飞快认识到蛇是一种可怕的动物。这种奇特的心理状态会促使人类产生各式各样强烈而又模糊的意象，有可能把人吓得落荒而逃，又有可能让人感受到力量，甚至还有可能激发起男性性欲。正因如此，巨蛇才能够成为世界各地不同文化的重要组成部分。

在这里，我们不能仅仅从心理分析的角度出发，去研究性象征的意义，而是必须思考一个能够产生许多后果的原则问题。与几乎所有我们能够想到的没有生命的东西相比，任何种类的生命都更能激发起我们的兴趣，这两者间的差距大到几乎无法形容。我们人类认为没有生命的东西有价值，很大程度上是因为它可以经由新陈代谢过程成为生命的一部分，它的外观有可能凑巧与某种有机体相似，它可以被制作成有用的、能够做出特定动作的人造物。精神正常的人大多不会认为一堆枯叶比长满了树叶的大树更有趣。

我们为什么会如此亲近有生命的东西，这背后到底有什么原因呢？生物学家会告诉你，生命是巨型分子利用较小的化学碎片进行自我复制的过程，其结果是，化学物质会组成复杂的有机结构，而有机结构则会大量传输分子信息，会摄入化学物质，会不断生长，会做出表面看来有目的的行动，最终还会大量产生与亲本十分相似的有机体。如果回答问题的生物学家同时也是个诗人，那么他会补充道，生命是一种极度不可能的状态，是亚稳态，与其他体系保持着联通状态，是转瞬即逝的——因此值得我们不惜一切代价去保护。

特定有机体的价值还远不止于此，原因是它们对人类的心理发育有着特殊的影响力。我已经在前文中指出，人类亲近其他生命形式的冲动在一定程度上是与生俱来的，所以我们可以有理有据地把它命名为"亲生命性"。从严谨的科学角度来看，这样的观点还没有足够的证据：我们还没有用科学的方法来充分研究这一观点，通过提出假设、进行推断和实验验证这三个环节来搞清楚这个观点到底是不是对的。尽管如此，人类的亲生命倾向仍然明显地存在于我们的日常生活中，必须得到认真对待。从孩提时代起，我们每个人就都会以可预见的方式幻想生命、对生命做出反应，从而逐渐地表现出亲生命的倾向。大部分乃至全部的人类社会都会重复展现出由这种倾向串联而成的文化模式，而由此产生的一致性则成了人类学文献经常提到的现象。上述过程似乎是人类大脑固有程序的一部分，其表现形式为，我们能够果断和快速地学会与某些种类的动植物相关的特定知识。几乎所有人都经历了这一完全相同的过程，所以仅仅把它描述为纯粹的历史事件在空无一物的精神世界中留下的印记，是完全讲不通的。

人类对巨蛇的敬畏也许是最奇特的亲生命性特征。在所有以人类的精神生活为对象开展过系统科学研究的社会中，巨蛇都是在一部分人的梦境中占据着主导地位的意象。在任意给定的研究时间点，都至少有 5% 的研究对象能够回想起自己经历过巨蛇主导的梦境，而如果研究者要求研究对象在数月里连续在梦醒后记录梦的内容，那么有类似梦境的人的比例很有可能会高得多。纽约的城市居民与澳大利亚的原住民及祖鲁人一样，对巨蛇意象的描述细致入微、充满感情。在所有的文化中，巨蛇都表现出了被神化的倾向。在霍皮人的神话中，水蛇帕露露孔是神一样的存在，乐于行善，却也令人惧怕。夸扣特尔人惧怕一条名叫西西乌特尔的三头蛇，它长着人脸和蛇头，如果在梦境中出现，就预示着做梦的人会精神失常，甚至会一命呜呼。秘鲁的萨拉纳瓦人会在服用致幻剂后用蛇的断舌轻抚脸部，以此为手段来召唤灵蛇。他们会获得所谓的奖励，进入梦境，梦中除了有色彩艳丽的蟒蛇、毒蛇，还有到处都是凯门鳄、水蚺的湖泊。无论在地球的哪个角落，只要人类的梦境中出现了动物，那么巨蛇和其他类似蛇的生物就都会成为在梦中占据主导地位的元素。蛇让人又敬又怕，成了权力和性有生命的象征、图腾、神话的主角甚至神明。

上述文化表现形式在第一眼看来也许远离我们普通人的生活，充满了神话色彩，但我们每个人的日常生活经历都隐含着一个简单的现实，可以解释为什么蛇会在我们心中拥有这样的固有形象。只要一见到蛇，人类的大脑就会产生激烈的情感反应，除了会惧怕蛇，还会产生强烈的冲动，会禁不住沉浸于研究蛇的细节，想要编写蛇的故事。这种独特的倾向在我的一段非同寻常的人生经历中起到了重要作用。接下来，我要讲一段自己儿时的故事，关于我小时候与一条现实存在的巨蛇相遇的难忘经历。

我在佛罗里达州的西北狭地及亚拉巴马州与佛罗里达州临近的几个县长大，受成长环境的影响，长大后成为野外生物学家。我与生活在这一地区的大部分男孩一样，无拘无束地在森林中游荡，喜欢打猎、钓鱼，也认为渔猎活动与日常生活没有明显的边界线。只不过，与其他人不同的是，我还十分珍视自然史的内在价值，在很小的时候就立志成为生物学家。儿时的我心里藏着一个秘密，那就是我一定要找到真正的巨蛇，它或者体形巨大，或者有其他

亲生命性

特别之处，总之一定要超乎想象。

我成长的环境有些特殊，这为我寻找巨蛇的儿时幻想创造了有利条件。第一个有利条件是，我是独子，父母对我十分宽容，会鼓励我发展兴趣爱好，无论我的爱好多么偏离常识，他们也不会出面阻止。换言之，我是个被宠坏的孩子。其次，只要不是涉及《钦定版圣经》字面意思的问题[①]，我家邻居同样也对古怪的小孩十分宽容。他们也只能这样做：我们虽然不会明说，但心里都很清楚，我们那儿有几户人家的小孩挺不正常的，但他们的家长却把他们留在家里，没有把他们送到精神病院。那虽然是美国南方一个即将结束的年代，但在当时，家庭义务和对家人的忠诚毋庸置疑，就算是提到了与之相关的内容，大家也大都会拐弯抹角，用近乎仪式的语言来交谈。

我儿时所处的环境很容易让小孩变得敬畏自然。四个世代前，美国这部分地区仍然是一片荒野，从某些方面来看，甚至与亚马孙雨林一样令人望而生畏。高处满是茂密的菜棕，低处则是由泉水汇聚成的蜿蜒溪流以及长满了柏树的沼泽。在明媚的阳光下，卡罗来纳长尾鹦鹉和象牙喙啄木鸟飞过头顶，野生火鸡和旅鸽仍然数量众多，可以被

---

① 佛罗里达州北部和亚拉巴马州位于美国南部的"圣经带"，保守的新教徒在社会文化中占据主导地位。——译者注

当作猎物。春季，大雨过后，到了晚上和风徐徐的时候，十余种青蛙呱呱、嘎嘎、唧唧的叫声会汇聚成一场求偶大合唱。生活在墨西哥湾沿岸的许多动物都是向北迁徙的热带物种的后代，它们在之前的数百万年间渐渐地适应了当地温暖的温带气候。入夜后，一排又一排的袖珍行军蚁在森林的地面上人类几乎发现不了的地方列队前行，样子与南美洲的大型行军蚁几乎完全相同。碟子般的金圆蛛在林间空地织网，蛛网的宽度能达到与车库门相当的程度。

成群的蚊子像云雾一样，离开死水潭和树洞积水，不断地袭扰第一批在这里定居的移民。蚊子传播"邦联瘟疫"——疟疾和黄热病，会定期引发大规模的疫情，令沿海低地地区的人口急剧下降。蚊子对人口的自然控制是一个重要原因，这不仅解释了为什么从坦帕到萨科拉的沿海地区在很长一段时间内都鲜少有人定居，同样也解释了为什么即便到了现在，在疟疾和黄热病造成的威胁早已消失之后，这一地区仍然保留了相对自然的状态，是"另类的佛罗里达"。

这片土地上到处都是蛇。就蛇的种类和种群密度而论，墨西哥湾沿岸地区超过了世界上几乎所有其他地区。它们简直是随处可见。在水塘和小溪边的树枝上，身上长有条纹的丝带蛇聚成一团，像极了蛇发女妖戈耳工的脑袋。剧毒的珊瑚蛇在落叶层中穿行，身上由红黄黑三种颜色的条带组成的警戒色格外醒目。猩红王蛇模仿珊瑚蛇的警戒色，身上长有红黑黄三种颜色的条带，人们一不小心就会把它与珊瑚蛇搞混。伐木工人用歌谣总结了简单的辨识规律："红色连黄色会致人死命，红色连黑色是大家的好朋友。"猪鼻蛇鼻孔上翻、体形粗壮、行动缓慢，特征是与非洲剧毒的加蓬咝蝰极为相似，拥有令人胆寒的外貌，以及喜欢生吞蟾蜍的习性。只有2英尺长的侏儒响尾蛇与体长超过7英尺的菱背响尾蛇形成了鲜明的对比。水蛇的种类要靠体形、颜色和鳞片在身上的分布模式才能分得清楚，一连串名字在爬行动物学家口中简直就是一段顺口溜。这片土地上总共有10种水蛇，分别属于水游蛇属（*Natrix*）、华游蛇属（*Seminatrix*）、蝮蛇属（*Agkistrodon*）、沼泽蛇属（*Liodytes*）和泥蛇属（*Farancia*）。

物种的丰富度和多样性当然也不会毫无限制。蛇以青蛙、老鼠、鱼和其他体形相当的动物为食，所以蛇的数量肯定要比猎物的数量少得多。想随便出门遛个弯，就能在路上不断地遇到蛇，肯定是不现实的。就算花上整整一小时专门去找蛇，也很有可能一无所获。然而，就我的个人经历来看，与巴西和新几内亚相比，随便哪一天在佛罗里达遇到蛇的概率仍然要高上十倍。

说来奇怪，佛罗里达蛇类天堂的现状倒还挺合理的。尽管墨西哥湾沿岸的荒野大都变成了柏油碎石路面和农田，电视和商业航班的声音响彻大地，但这里依旧保留了一部分古老的乡村文化，就好像人们仍然时刻准备着去征服未知的蛮荒之地。"砍伐森林，开垦土地"仍然是被普遍接受的观点——这里的居民仍然遵守殖民者的道德标准，仍然把《圣经》视为经过实践考验的智慧结晶（黎巴嫩的雪松林之所以会遭到砍伐，变成现在的那片战火纷飞的沙漠，同样是因为《圣经》的"智慧"）。随处可见的蛇具有象征意义，可以支撑上述古老而庄严的信仰。

在长达一个半世纪的殖民定居过程中，佛罗里达边远地区的居民把有关蛇的日常经历与巨蛇的传说交织到了一起。我们仍然可以听到下列说法：响尾蛇就算被砍了脑袋，也能一直活到太阳落山的时候。如果被蛇咬了，只要用刀划开伤口，再用煤油清洗，就可以中和蛇毒（我从没遇到过宣称自己曾经这样处理毒蛇咬伤后，还活下来的人）。如果全心全意地信奉基督，你就可以把响尾蛇、铜头蝮挂在脖子上，一点也不用担心被咬伤。如果脖子上的毒蛇到头来还是咬了你一口，你就得承认这是上帝的旨意，平静地接受一切后果。反过来讲，如果你发现了一条盘成S形的猪鼻蛇，那么它肯定会致人死命。如果你靠得太近，它就会冲着你的眼睛喷射毒液，让你双目失明；就连被它的蛇皮污染的空气也是致命的。猪鼻蛇是上述可怕传说的受益者：我还从来没听说过有人敢去杀死猪鼻蛇。

森林深处居住着拥有惊人力量的生物（这是我最想听到的消息），这些生物中有一种名叫环箍蛇。那些喜欢在周六早上排成一排，沿着县法院的护栏蹲坐的多疑之人宣称，环箍蛇是虚构的，并不存在；反之，环箍蛇也许就是常见的马鞭蛇，只是它们在特定情况下发了狂。变成环箍蛇的马鞭蛇会用嘴衔住尾巴，以极快的速度滚下山坡，去攻击被吓破了胆的受害者。只不过，这片土地上也会时不时地传出一些煞有介事的怪物目击报告：据传，某片沼泽地里有一条巨蛇（就算最近几年没有目击报告，它之前也肯定在那里出现过）；几年前，一个农夫在镇外不远的地方打死了一条 12 英尺长的菱背响尾蛇；不久前，有人看到奇异的生物在河边晒太阳。

在美国南部城镇把动物传说几乎当真的环境中长大是一种美妙的体验，会让小孩对未知世界充满向往，认为只要步行离开自己居住的地方，用不了一天的工夫，就有可能发现某种非同寻常的生物。斯克内克塔迪、利物浦、达姆施塔特之类的城市周围完全没有这样的神秘氛围——一想到所有在这样的地方长大的孩子最终全都失去了探索未知世界的可能性，悲伤就会涌上我的心头。学生时代的我从莫比尔、彭萨科拉、布鲁顿出发，优哉游哉地去探索城镇周围的森林、沼泽，我养成了静下心来，集中精神的习惯。而到了现在，由于学会了博物学家运用过往情感的技巧，我在外出进行实地考察的时候，也仍然能够保持这样的心境。

我学生时代的朋友肯定也有一些与我相同的感受。20世纪40年代中期，到了盛夏时节，在春季的橄榄球训练宣告结束，秋季的正式比赛开始之前的那段时间，我们无所事事，每天除了完成公路的清扫工作，剩下的时间都用在了户外活动上面。只不过，我还是有点与众不同：我像着了魔一样，到处抓蛇。在布鲁顿高中1944—1945年的橄榄球队中，大部分队员都有外号，其中尤以南方人喜欢的宝宝昵称和首字母缩写最为常见：布巴·乔、弗利普、A. J.、桑尼、休、金博、朱尼尔、斯诺克、斯基特。我的外号是蛇（Snake）——我身体单薄，是左边锋的三线替补，只有等到比赛进入了第四节，对手已经大比分落后，无力反超的时候，我才有可能获得上场机会。尽管我获得了队友的认可，感到无比骄傲，但我仍然把大部分希望和精力投到了其他的地方。我生活的地方有40种原生蛇类，物种多样性高得令人难以置信，而我几乎抓到了所有这40种蛇。

有一种蛇成了我特别关注的目标，原因仅仅是它实在太难抓了，它就是肤色油亮的水蛇鳌虾蛇（*Natrix rigida*）。成年鳌虾蛇居住在水浅的池塘里，远离岸边，潜伏在塘底，只把头探出被水藻染绿的水面，一边呼吸，一边观察四周的情况。我会蹚着水，小心翼翼地靠近它们，尽量避免引起蛇提高警惕的左右摆动。我必须把距离拉近到只有三四英尺，之后一个猛子扎下去，一把抓住目标，但在我拉近距离之前，它们总是能把脑袋一缩，潜入水下，静悄悄地逃往昏暗的深水处。我找来镇子里准头最好的弹弓高手，终于在他的帮助下解决了这个难题。这位弹弓高手和我同年，是个沉默寡言的独行侠，他心高气傲，动不动就发脾气，要是早出生八九十年，也许就能在安蒂特姆战役或夏洛战役①的战场上立下战功。他瞄准蛇的脑袋发射小石子，把蛇打晕，为我争取到足够的时间，让我在水下抓到好几条鳌虾蛇。等到鳌虾蛇恢复后，我就用自制的笼子把它们关起来，在自家后院养一段时间，其间我把小鱼放在装满水的碟子里面，让它们大快朵颐。

有一次，我前往沼泽地深处，虽然已经离家好几英里，几乎找不到回去的路了，但我毫不在意。突然间，我瞥见了一条颜色鲜艳、之前从没见过的蛇，发现它正准备钻入鳌虾洞，马上就要消失不见。我一个箭步冲上前去，把手伸到洞内一通乱抓。还是太晚了：那条蛇早就逃之夭夭，钻到了洞穴深处。直到事后，我才开始思考各种可能性。如果我真的抓住了那条蛇，而它又碰巧是有毒的呢？后来，我终究还是因为自己不计后果的捕蛇狂热劲头而吃

---

① 均为美国南北战争时期的重要战役。——译者注

了苦头：我在抓侏儒响尾蛇的时候误判了它的攻击范围，结果它以远超我想象的速度狠狠地咬了我左手食指一口。好在那条蛇个头实在是太小了，我只是胳膊肿了起来，但即便到了现在，只要天气转冷，我左手食指的指尖还是会微微发麻。

哦，我扯得有点远了。在 7 月一个寂静的上午，我终于找到那条令我朝思暮想的巨蛇。当时我身处布鲁顿镇自流井的井水形成的沼泽地，正沿着一条长满杂草的小溪逆流而上，往高处走去。一条大蛇突然从我的脚下蹿出来，一头扎进了小溪。由于我早一阵只遇到了个头正常、紧张地趴在泥滩和原木上一动不动的青蛙和乌龟，已经陷入了思维定式，我当时受到惊吓的程度肯定比在平常情况下受到惊吓的程度要高。那条蛇不仅动作粗鲁，发出很大的噪声，就连个头也和我差得不多——这样说来，我们可算得上是一路货色。它大幅度地扭动身体，迅速穿过浅浅的溪水，来到小溪正中央，在一块由河沙形成的浅滩上停了下来。它是一条体长超过 5 英尺、身体和我的胳膊差不多粗、脑袋像拳头一样大的食鱼蝮（Agkistrodon piscivorus）——一种有毒的蝮蛇——虽然与我想象中的怪兽还有点差距，但显然已经非同寻常。它是我到那时为止在野外遇到过的个头最大的蛇。我后来计算了一下那条蛇的长度，发现它仅仅比食鱼蝮已知的最大体形记录小了一点点。入水后，那条蛇就静静地趴在清澈见底的溪水中，一点也不在意我的目光，身体与溪岸两侧的杂草丛平行，脑袋向后转，紧盯着我向前靠近的步伐。食鱼蝮的习性就是这样的。它们与普通的水蛇不同，不会非要逃出敌人的视线才觉得安全。无论是它那看起来像面具一样似笑非笑的表情，还是那双像极了猫眼的黄色眼睛，都没有流露出任何情感，但我还是能从它的反应和姿态上感觉到，它似乎傲慢无礼，就好像它能够从人类及其他体形同样巨大的敌手所表现出的谨慎态度中感受到其自身的力量。

我按部就班，开始执行捕蛇者的常规操作流程：把捕蛇杖对准蛇头后方的位置，压住蛇身，接着前移捕蛇杖，紧紧地按住蛇头，之后伸出手来，抓紧蛇的颈部紧邻膨胀的咀嚼肌后方的位置；接下来，放下捕蛇杖，用另一只手抓住蛇身体的中部，把整条蛇托举出水。这套捕蛇技术几乎万无一失。然而，那条食鱼蝮的反应出人意料，差点要了我的小命。它拼命地扭动沉重的身躯，撑开我捏紧的手指，把头颈稍微向前移动了一段距离，之后张开大嘴，露出长达一英寸的毒牙和惨白的口腔内壁，把脑袋变成了令人胆寒的"开口棉花"[①]。与此同时，它肛门腺释放出的恶

---

① 食鱼蝮又名棉口蛇，会以大张着嘴，露出毒牙及白色口腔内壁的方式来吓阻捕食者。——译者注

臭也在空气中弥漫开来。此时，上午的酷热变得更加明显，我的冒失行为也开始显得愚蠢可笑，我终于开始思考，自己为什么会孤身一人来到沼泽深处。要是出了事，有人能找到我吗？那条蛇又转了转头，获得了足够的空间，已经可以咬到我的手了。与同龄人相比不是十分强壮的我，正在失去对蛇的控制。我不假思索，铆足了劲儿，把巨蛇扔到了灌木丛里，之后它便疯狂地扭动身躯，一溜烟儿地逃到树丛深处，直到彻底地离开了我的视线——无论是我还是它，都无法继续对对方造成威胁。

我一屁股坐到地上，任由肾上腺素发挥作用，让我的心脏怦怦乱跳，令我的手颤抖不止。我为什么会这么蠢呢？说到底，蛇到底有什么特别之处，让我觉得它们如此招人嫌，又如此让人着迷？回过头来想，答案其实出奇的简单：蛇可以藏起来，让人难以发觉，同时又拥有没有四肢，却可以随意弯曲，蕴含着巨大力量的身体，而它那锋利而中空的毒牙则更是能够以皮下注射的方式释放毒液，造成致命的威胁。人类要想在自然中生存下来，那么对蛇感兴趣，在情感上对蛇的总体形象做出反应，突破谨慎与恐惧这两个正常反应的束缚，总是有好处的。人类的大脑以学习偏好的形式形成了这样一种内在规则：只要看到了有那么一点像蛇的东西，就必须马上提高警惕。要**不断地学习加强**对蛇的这种特殊反应，从而保证自己的安全。

其他灵长类动物也进化出了类似的规则。非洲森林中常见的长尾猴、长尾黑颚猴只要一看到蟒蛇、眼镜蛇或鼓腹巨蝰，就会发出独特的警报声，提醒猴群的其他成员提高警惕。(鹰和豹子也有与之相应的不同警报声。)接下来，猴群的一部分成年成员就会保持安全距离，紧跟入侵的蛇，直到它离开猴群的活动区域。其实，这就相当于猴子会大声发出"危险，有蛇"的警报，不仅可以使遇到蛇的个体远离危险，也可以让整个猴群获得安全保障。最值得注意的是，猴子会判断蛇的种类，在看到有能力造成实际伤害的蛇后发出最强烈的警报。长尾猴和长尾黑颚猴似乎仅仅靠着直觉，就成了学识渊博的爬行动物学家。

　　以恒河猴——一种生活在印度及其亚洲邻国的大型棕色猴子——为对象的其他研究提供了进一步的证据，证明了人类灵长类近亲的怕蛇倾向的确是与生俱来的。成年恒河猴只要看到了蛇，无论蛇的种类如何，它都会做出在恒河猴这个物种中十分常见的恐惧反应。它们会一边后退，一边紧盯着蛇(也有可能扭头就跑)，会蹲下来，会用爪子捂脸，会长嚎，会尖叫，会面部扭曲露出害怕的表情——在咧开嘴、露出牙齿的同时，把耳朵贴在脑袋上。那些在实验室里长大，从来都没有见过蛇的恒河猴也与野外捕获的恒河猴一样，对蛇做出相同的反应，只是反应的激烈程度要低一些。科学家设计对照实验，研究了恒河猴恐惧反应的具体特征，发现在笼子里放置与蛇的形状不一样，不是弯弯曲曲的物体时，恒河猴不会做出任何反应。蛇的形状——也许还有蛇的独特移动方式——含有关键的信息，会刺激猴子，引起它们的本能反应。

让我们暂且假设，在非人类的灵长类动物中，至少有一部分物种的怕蛇倾向是具有遗传基础的。那么我们紧接着可以得出这样一个结论，即怕蛇的倾向是在自然选择的压力下进化而来的。换言之，与不会对蛇做出恐惧反应的个体相比，对蛇有恐惧反应的个体会留下更多的后代，从而令获得恐惧的倾向快速在种群中传播开来——而如果拥有这种倾向的个体已经在种群中占比很高，那么此类个体的比例就会一直维持在较高的水平。

生物学家要怎样做，才能证实上述与行为起源相关的假设呢？他们必须回溯自然史。他们要找到他们认为在进化史上没有受到能够产生目标行为的环境压力，不会发生相关行为改变的物种，然后确定这个物种是否**不会**表现出目标行为。狐猴是猴子原始的近亲，能够让生物学家获得这样一个回溯历史的机会。狐猴是马达加斯加的原生物种，而马达加斯加恰巧又是一个没有大型蛇类，也没有毒蛇，狐猴不会因为蛇而受到致命威胁的岛屿。在野外捕获的狐猴果然与那些生活在非洲和亚洲，会无意识地对蛇做出恐惧反应的猴子不同，不会对蛇做出任何类似的反应。

这能否成为足够的证据呢？措辞严谨的学术论文只能得出这样的结论：证据与假设是一致的。无论是上述假说，还是任何类似的假说，都不能仅仅靠一个案例就得到证实。研究者必须不断地提供新证据，才能把学术界对假说的信心提升到即便是那些最坚定的质疑者也无法撼动的程度。

学界认为，黑猩猩与人类拥有共同的祖先，两者的进化路线直到 500 万年前才终于分道扬镳，而生物学家对黑猩猩的研究提供了另一条证据链。在实验室里长大的黑猩猩从来都没遇到过蛇，但还是会在看到蛇的时候变得焦虑不安。它们会一边向后退，保持安全距离，一边紧盯着突然出现的蛇，并同时**哇哇叫**，向同伴发出警告。更为重要的是，进入青春期后，黑猩猩对蛇的恐惧反应会慢慢地变得越来越强烈。

研究者对黑猩猩逐渐增强的警惕性尤其感兴趣，原因是人类在发育过程中也会表现出类似的趋势。年龄在 5 岁以下的儿童不会对蛇表现出特别的恐惧感，但到了 5 岁之后，他们就会变得越来越怕蛇。仅仅一两次并不是十分糟糕的惊吓就有可能把小孩子吓得屁滚尿流，让他变得一辈子都怕蛇，比如看到了草丛里束带蛇①远去的身影，又比如玩伴在面前舞弄橡胶蛇玩具，再比如在营火旁听到与蛇

---

① 一种无毒蛇，在北美洲十分常见。——译者注

相关的恐怖故事。在人类行为的个体发育中，对蛇的恐惧即便不是独一无二的，也是十分特殊的。其他常见的恐惧，尤其是对黑暗、陌生人、巨响的恐惧，会在 7 岁后逐渐消退。对蛇的恐惧则恰恰相反，会随着年龄的增长而不断增强。人类的确可以转变思维，学会驯蛇技术，消除对蛇的恐惧，甚至能够以特殊的方式喜欢上蛇，比如我就做到了这一点，但这样的转变都是有意为之，通常都有点勉为其难，会让人感到不自在。人类对蛇的特殊恐惧同样也有可能发展成彻头彻尾的恐蛇症，也就是对蛇极端的病态恐惧，其症状为，患者只要一看到蛇，就会惊恐不已，开始冒冷汗，感到恶心反胃。下列事件是我的亲身经历：

一个周日下午，在亚拉巴马州的一处露营地，一条 4 英尺长的黑游蛇从林子里钻了出来，穿过林间空地，向不远处一条小溪两侧的茂密草丛爬去。小孩子开始大叫大嚷，对那条蛇指手画脚。一个中年妇女发出一声尖叫，然后倒在地上，开始号啕大哭。她丈夫着急忙慌，向自家皮卡车的方向跑去，翻出了一杆霰弹枪。只不过，黑游蛇是地球上爬行速度数一数二的蛇，所以这条引起骚动的蛇最终还是靠着速度，钻进草丛，躲了起来。在场的人也许不知道，黑游蛇是一种无毒蛇，对任何个头比棉鼠大的动物都没有威胁。

另一件事发生在世界的另一端。在新几内亚岛一个名叫埃巴邦的村子里，我听到叫喊声，看到沿着一条小路奔跑的人群。我追上前去，发现人群已经围成了一个圆圈，在圆圈的正中央有一条棕色小蛇——它正在慢悠悠地扭动身躯，横穿房前小院。我抓住那条蛇，准备用酒精把它保存起来，之后作为藏品收入哈佛大学博物馆。在村民看来，捕蛇似乎是需要鼓起勇气的事情，所以我的事迹也许赢得了他们的赞许，但也有可能让他们变得对我满腹狐疑——我着实没搞清楚他们到底是怎么看这件事的。第二天，我进入附近的森林，去采集昆虫样本，结果发现自己身后多了一群跟屁虫一样的小孩。其中一个小孩赤手拿着一只活蹦乱跳的巨大的圆网蛛，长满刚毛的腿还在不停摆动，它那阴气森森的黑色毒牙仍然一张一合。我慌了神，差点吐了出来。我恰巧有轻微的蜘蛛恐惧症。每个人总会有点自己害怕的东西。

巨蛇为什么会对人类的精神发育有着如此强烈的影响？最直接、最简单的答案是，在人类历史上，有几个种类的蛇是造成疾病和死亡的主要原因之一。除了南极洲，其他几个大洲都有毒蛇。在亚洲和非洲的大片地区，蛇咬伤造成的已知年致死率达到了万分之 0.5，甚至更高。缅甸有一个省的蛇咬伤年致死率高达万分之 3.68，是目前全球最高的地区记录。在澳大利亚，致命毒蛇的种类多到难以置信，其中绝大部分都是眼镜蛇的近亲。在澳大利亚的毒蛇中，虎蛇不仅体形大，还有不发出任何警告就猛然发动进攻的习性，尤其令人闻风丧胆。南美洲和中美洲的巨蝮、矛头蝮、具窍蝮属于体形最大、最具攻击性的那类蝮蛇。这些蝮蛇的背部皮肤颜色与枯叶相似，拥有长度足以刺穿人类手掌的毒牙，会埋伏在热带森林的地面上，主要以捕猎小型恒温动物为生。很少有人知道，种类众多的危险毒蛇——所谓的"真"毒蛇[①]——仍然数量众多，在欧洲各地分布广泛。极北蝰（*Vipera berus*）的分布区一直向北延伸至北极圈。在瑞士、芬兰这样看似不会有蛇的地方，每年被蛇咬伤的人也仍然数以百计，即便是在这些国家，热衷于户外活动的人也依旧对蛇保持着警惕。爱尔兰是地球上为数不多的几个完全没有蛇的国家（这得益于上一次的更新世冰期，而不是圣帕特里克[②]的功劳），但该国国民依旧从欧洲的其他文明那里引进了与蛇相关的关键象征与传统，而该国的艺术和文学同样也保留了对巨蛇的恐惧。

---

① 属于真蝰亚科的毒蛇。——译者注
② 5世纪时前往爱尔兰的传教士，传说爱尔兰的蛇都被圣帕特里克赶走了。——译者注

所以从表面上看，这便是自然界的原动力转化为文化符号的过程。在长达数十万年，也就是足够恰当的基因变化引发大脑进化的时间内，毒蛇一直是造成人类受伤和死亡的主要原因之一。人类应对这一威胁的方式不是简单的回避，而是通过不断地试错，就好像用这种方法得知特定种类的浆果含有毒素而无法食用那样。人类拥有与其他灵长类动物相同的特点，同样也会在害怕的同时，对可怕的事物表现出一种病态的迷恋。我们与自己在谱系学上关系最近的黑猩猩一样，也会从父母那里遗传到一种会令我们在孩提时代变得害怕蛇的强烈倾向，之后又会随着年龄的增长，变得越来越讨厌蛇。接下来，我们的大脑又会给这种怕蛇的倾向添加大量具有独特人类色彩的内容，会利用由此产生的情感孕育出丰富的文化。巨蛇会突然在梦境中出现，它拥有蜿蜒曲折的身体，散发出力量的气息，充满神秘色彩——所有这一切都是能够催生出神话和宗教的沃土。

　　让我们思考一下感知信息和情绪状态是如何在梦中被编写成故事的。做梦的人听到了远处的雷声，把雷声错当成摔门的声音，用一扇突然关闭的门结束了当前的梦境。他焦虑不安，发现自己突然站在了学校的走廊上，寻找一间不知道在哪里的教室，去参加一场他根本没做好准备的考试。睡眠中的大脑进入以快速眼动为标志的规律梦境期后，下脑干中粗大的神经纤维便会向大脑皮质发送信号。受到信号刺激的大脑活跃起来，开始读取记忆，围绕着能够在生理及心理上引起不适的记忆片段编写故事。大脑加快运转速度，创造出以过去真实经历为要素的梦境，只是梦的形式通常既杂乱无章，又滑稽古怪。巨蛇的意象时不时地出现，体现出一种或多种这样的感受。对蛇直截了当的恐惧是最突出的感受，但梦中的巨蛇意象同样也有可能源自性欲、对支配地位及权力的渴望，以及对死于暴力的恐惧。

我们并不需要借助弗洛伊德的理论来解释人类与蛇的特殊关系。巨蛇之所以会出现，并不是因为它是梦境及象征的载体。巨蛇与梦境及象征的关系似乎恰恰相反，而这则相应地降低了我们开展研究，理解这层关系的难度。人类在生活中与毒蛇有着实实在在的接触经验，而基因进化则把这些经验刻进了大脑的结构，从而产生了能够被弗洛伊德的理论解析的梦境。大脑必须以某个东西为基础，来创造象征和幻想。它倾向于利用现存的最强大的意象，即便退一万步讲，也会遵循那些能够产生强大意象的学习规则，其中就包括与巨蛇相关的学习规则。在 20 世纪的大多数时间内，也许是由于过度沉迷于精神分析，我们混淆了梦境与现实，搞乱了梦产生的心理影响与源自自然界的根本原因之间的关系。

在尚未进入科学时代的人类看来，梦是通往精神世界的通道，而蛇则是日常生活经验的正常组成部分，所以对他们来说，蛇在建立文化的过程中起到了重要作用。人们会用咒语来寻求保护，对抗蛇的危害，比如《阿闼婆吠陀》[①]中就有这样一段咒语：

> 我会用我的眼睛杀死你的眼睛，用毒素杀死你的毒素。巨蛇啊，去死吧，不要活过来；你会被自己的毒液毒死。

"巨蛇啊，因陀罗[②]杀死了你最初的祖先，"咒语的下文写道，"既然你的祖先都已经被击败，你又怎么可能还有力量呢？"所以说，巫医只要念上两句咒语，就可以控制住巨蛇的力量，甚至还有可能使其为人类所用。缠绕着两条巨蛇、刻有一对翅膀的商神杖最开始的时候是众神使者墨丘利的手杖，之后成为使节和信使的通行证，最终又成为医疗行业的通用标志。

巴拉吉·孟德克开展研究工作，搞清楚了人类与生俱来对蛇的敬畏会以什么样的方式在世界各地发展成熟，催

[①]　婆罗门教的圣典，《吠陀经》的第四部。——译者注
[②]　印度教神明，吠陀经籍所载众神之首。——译者注

生出丰富多彩的艺术及宗教作品。旧石器时代的欧洲石刻、西伯利亚出土的猛犸牙雕刻作品均展现了巨蛇蜿蜒曲折的形象。在夸扣特尔人、生活在西伯利亚的雅库特人及叶尼塞－奥斯加克人，以及许多澳大利亚原住民部落的文化中，萨满都会把巨蛇当作权力和仪式的象征。众多民族的丰饶之神通常都拥有非写实的巨蛇形象：迦南人的女神阿什脱雷思、中国神话传说中的伏羲和女娲、印度教法力无边的女神马里安曼和摩纳娑。古埃及人供奉着至少 13 个不同的蛇神，它们分别掌管健康、生育和草木三个领域内的不同事务，其中地位最重要的名叫奈赫布考，是一条长着三个脑袋的巨蛇。它的足迹遍布尼罗河两岸，会巡查埃及王国的每一个角落。包裹图坦卡蒙木乃伊的亚麻布里有一枚刻有眼镜蛇蛇神形象的纯金护身符。就连蝎子女神塞尔凯特也拥有"巨蛇之母"的头衔。她与她的巨蛇后代一样，是邪恶、力量和美德的共同源泉。

阿兹特克人的众神包含了各种各样的古怪形象，其中尤以巨蛇的出现频率最高。阿兹特克的历法符号中包含形似巨蛇的第五太阳纪符号，以及代表一年中第一旬[①]的西帕克特利（*cipactli*）——一种半鳄半鱼的水怪，长着分

---

① 阿兹特克神圣历把一年分成二十旬，每一旬都有一个守护神。——译者注

叉的舌头、响尾蛇般的尾巴。雨神特拉洛克的一部分身体是两条缠绕在一起的响尾蛇，它们的脑袋对在一起，组成了特拉洛克的上嘴唇。科亚特尔——意为巨蛇——这个词经常出现在神明的名称中。科亚特利库埃是一头半人半蛇、令人生畏的怪物；西瓦科亚特尔是接生女神、人类的母亲；火蛇修科亚特尔身上的烈焰每过 52 年就会重新点燃一次，标志着阿兹特克的宗教立法进入一个新的周期。羽蛇神克查尔科亚特尔人面蛇身，是晨星和暮星之神，也是掌管着死亡与复生的神明。他是历法的制定者，是掌管书籍与学问的神明，是祭司的守护神，在负责教育贵族和祭司的学校里尤其受尊敬。在得知他乘着由蛇编织成的筏子向东方的地平线进发，消失不见后，阿兹特克人的知识分子肯定慌了神，那场面应该几乎相当于西方的知识分子得知古根海姆基金会关门大吉一样。

　　巨蛇自相矛盾的形象也是希腊宗教的特征之一。宙斯的早期形态中有一条名叫梅里齐欧斯的巨蛇，它既是爱之神，会温柔地听取人类的诉求，又是复仇之神，会要求信徒在深夜里举行血腥的献祭仪式。希腊神话中的另一条巨蛇是能够净化邪恶的阿瑞斯之泉的守护者。他与地底的恶魔厄里倪厄斯共存，因为太过恐怖，希腊的早期神话甚至都无法对他们的形象做出描述。直到欧里庇得斯的戏剧《伊菲革涅亚在陶洛人里》（*Iphigeneia in Tauris*）上演后，这对巨蛇与恶魔的组合才真正地以巨蛇的形象与观众见面："你看到它了吗，那条来自地狱，张着血盆大口的巨蛇？那条要用可怕的毒蛇来杀死我的巨蛇？"

巨蛇一方面拥有狡猾、欺骗、恶毒、背叛等品质，以及从像面具一样没有表情的脑袋伸出分叉的舌头，令人不寒而栗的形象，另一方面又拥有包括治愈伤痛、指点迷津、预知未来、赋予力量在内的奇迹般的神力，这两者结合到一起，形成了西方文化中普遍存在的巨蛇形象。伊甸园中的蛇在人类的梦里出现，就像犹太教中邪恶的普罗米修斯，赋予人类善恶的知识，但同时也令人类染上了原罪，为此，上帝以牙还牙，让蛇遭到了报应：

> 我又要叫你和女人彼此为仇；
> 你的后裔和女人的后裔也彼此为仇。
> 女人的后裔要伤你的头，
> 你要伤他的脚跟。[①]

我们可以这样总结人与蛇的关系：生命获得人类的含义，成为我们的一部分。文化把蛇转变成了巨蛇，也就是

---

① 《创世记》第 3 章第 15 节，译文引用自《圣经》（简化字与现代标点符号和合本）。——译者注

一种比蛇这种真实存在的爬行动物要强大得多的生物。文化是心智的产物，而心智又可以被理解为制造意象的机器，能够把符号组合成地图和故事，从而再现外部世界。然而，现实世界细节太多，太过混乱，大脑无法在一瞬间掌握采集自现实世界的所有信息；此外，人类的寿命也十分有限，无法提供足够的时间，让大脑像多用途计算机那样，一点一点地处理相关信息。因此，人类的意识采取了不同的策略，会极速运转，以足够的效率处理特定种类的信息，从而保证生存。大脑一方面会轻而易举地选出侧重点，优先处理少量特定信息，另一方面又会无意识地忽略所有其他的信息。基因学和生理学的研究已经积累了大量证据，可以证明上述控制机制拥有生理学基础，源自人类感觉器官及大脑内在的特殊细胞结构。

把所有这些侧重点都集合到一起，我们就得到了人类的本性。人类本性的核心倾向是文化的源泉，对巨蛇的恐惧和崇敬是个极好的例子，而且已经充分展现了这是一种什么样的倾向。所以说，人类对外部世界的简单感知一方面可以催生出丰富多彩、无穷无尽的意象，另一方面又可以在塑造了感知能力的自然选择压力的作用下继续进化。

事情也只能是这样的，难道不是吗？从能人（*Homo habilis*）出现的时候起，到石器时代晚期的智人为止，人类的大脑用了大约200万年的时间，才终于进化成了现在的模样，其间人类一直过着群居生活，以狩猎采集为生，与自然环境保持着密切的联系。蛇是要紧的事情。水的气味、蜜蜂的嗡嗡声、草茎的弯曲方向也全都是要紧的事情。博物学家的入定状态体现人类对环境的适应能力：能不能发现躲在草丛里的小动物关系着晚餐是能吃到肉，还是只能喝西北风。见到猛兽和其他爬行动物之后的那种既惊恐，又有一丝甜蜜，让人在颤抖之余遐想连篇的感觉，即便是在当今远离自然、缺乏生命气息的城市中心也能让我们感受到喜悦，而在过去，这更是事关你能否看到明天的太阳。生命有机体是自然界提供给我们，用来进行隐喻、办理仪式的材料。尽管我们还远远没有收集到所有的证据，但人类的大脑似乎仍然保留着祖先留给我们的能力，能够用特殊通道迅速地处理特定的信息。我们生活在一个大片森林已经消失不见的世界，但我们却仍然像生活在森林中的祖先那样，时刻保持警惕，注意着周围的一切。

第七章

正确的地点

The Right Place

博物学家是来自文明世界的猎人。他孤身一人，踏足荒野，进入森林，去除心里的一切杂念，把注意力集中于自己当前所在的地方，用所有的感官感受周遭的生命，在微小的细节中寻找深刻的含义。他开始用为认知过程设定的方式来环视四周。他的注意力分散开来，集中到身边的每一个事物上去，不再关注日常琐事，也不再考虑社交礼仪。他观察处在交配期的蠓虫如何在空中左冲右撞，形成圆锥形的虫群；他寻找最佳的阳光入射角度，以便更好地观察虫群；他观察时不时降落在树干上的蠓虫，想要知道什么形状的苔藓、地衣才是它们最喜欢的落脚处。他的目光来回移动，沿着树干上移，观察粗壮的树枝和位于树枝末端的细枝，之后又往回移，想要找到树皮轮廓破坏了的形状以及哪怕只有几毫米的细微移动，因为这很有可能意味着树上藏着某种动物。他竖起耳朵，想要分辨出打破了长时间寂静的任何响动。他不时地把自己对土壤及植被气味的第一印象转化成理性思维：古老的嗅觉大脑正在与现代的大脑皮质对话。他是披着博物学家外衣的猎人，深知自己完全无法预知即将发生的事情。用奥尔特加·伊·加塞特的话来讲就是，他必须做好准备，获得一种非同寻常的超凡注意力，"这并不是一种紧盯着可预见之事的注意力，而恰恰是一种承认未来不可预见，一刻也不能走神的注意力"。

几乎所有的博物学家都会在野外考察时有意外收获，会把相关经历当成津津乐道的故事。有一次，我与一位名叫杰西·尼科尔斯的职业动物收集者在寒冷的夜里冒雨前往亚拉巴马州中部的一片小树林，去寻找青蛙和蝾螈。我之前已经多次前往这片树林，但那都是在白天艳阳高照的时候，每一次都一无所获。那天夜里，我们刚一走进林子，就发现了一个个体众多的侏儒蝾螈种群——这种蝾螈属于脊口螈属（*Desmognathus*），不久前被动物学家发现，是个新物种。它们是体形小巧的两栖动物，看起来像极了皮肤锃亮、眼球外凸的蜥蜴。它们爬上草丛和低矮的灌木丛，在枝杈间敏捷地跳跃，显然是在寻找猎物。我们运气实在是好得很，能够恰巧在侏儒蝾螈最活跃的时间点来到最适宜侏儒蝾螈生存的环境，我们也很快就意识到，这样的运气让我们有了值得一提的新发现，在总体上对脊口螈属有了新的认识。脊口螈属的蝾螈通常不是生活在水边，就是躲在落叶层和表土层里面。我们眼前的景象证明，脊口螈属的一个物种同样也具有一定程度的树栖习性，行为与树蛙有点相似。所以说，与学界之前的认知相比，脊口螈属的蝾螈是一个拥有更高生态多样性的群体。脊口螈属分布于美国东南部包括亚拉巴马州的大片区域，而我们的发现则证明，它们在靠近核心分布区的地方发生自然演化，令生态位出现了中等程度的扩张。我们站在冰冷的雨中瑟瑟发抖，一边讨论上述重大学术问题，一边收集躲在灌木丛中的侏儒蝾螈，准备把它们当作样品，转交给全美各地的博物馆。

实地考察工作由艰苦的体力工作及穿插于其间的惊喜瞬间组成。威廉·曼是科班出身的昆虫学家，曾担任华盛顿国家动物园的园长，于1958年卸任。他在自传中记录了自己年轻时前往古巴中部的特立尼达山脉开展实地考察的经历。他翻开一个石块，想要看看下面藏着什么样的动物（每一个石块下面肯定都藏着某种动物，通常都是体形微小的动物），结果发现石块在手中裂成两半，其深处有一小洞，洞内居住着一小群泛着绿色金属光泽的蚂蚁，把它们都放在一起，正好能装满半个茶匙。曼把这种奇特的蚂蚁命名为威廉切胸蚁（*Macromischa wheeleri*），用来纪念他在哈佛大学读书时的恩师、蚂蚁研究领域的泰斗威廉·莫顿·惠勒教授。36年后，年纪轻轻、刚刚开始昆虫学研究的我也来到特立尼达山脉，一边攀爬陡峭的山坡，一边在脑海里回忆威廉·曼充满浪漫主义色彩的发现之旅。我当时正在进行一场寻找蚁穴的环球之旅，旅途经历与曼的探索之旅出奇地相似。我抓起一块石头，想把它当作支点，结果它也碎成了两半，石头内部同样也有闪闪发光的绿色蚂蚁，而蚂蚁的数量更是恰好能装满半个茶匙。我把这件事当成了我作为昆虫学家的成年礼。

仅仅几小时后，我就在同一道山坡上有了另一个幸运的发现。我捕捉到了一只体形巨大、属于安乐蜥科的蜥蜴。它的学名为避役安乐蜥（*Chamaeleolis chamaeleontides*），是古巴的特有物种，此前一直都在生物学家的眼中充满神秘色彩。有些生物学家会把避役安乐蜥与一些其他蜥蜴归类到一起，把它们统称为伪变色龙，原因是它们与非洲真正的变色龙一样，也能根据环境背景和自身情绪来改变体色。此外，这种体长一英尺的蜥蜴还浑身皱纹、表情疲惫，所以我便给我捕获的那只取了个名字，叫作玛土撒拉[①]。1953年的那个夏天，我先是在古巴实地考察，之后

---

① 《圣经》里的人物，据说是最长寿的人，在世上活了969年。——译者注

又前往墨西哥，最终在秋天返回剑桥。无论是在旅途中，还是在回到剑桥之后，玛土撒拉每天都会有很长的时间趴在我的肩膀上。我用了 6 个月时间，几乎天天都会一边投喂黄粉虫及其他活体昆虫，一边观察它的习性，最终发现伪变色龙不仅外观与非洲的变色龙相似，就连习性也相差无几。两者的捕猎方式与蜥蜴截然不同。它们动作缓慢、不慌不忙，会不断地以转动半闭合的眼睑的方式来转换视野，一旦找准机会，便会弹出带有黏性的长舌头，以肉眼几乎不可见的速度捕获猎物。伪变色龙与变色龙的相同之处是趋同进化的又一个教科书式的例证，证明了起源于旧世界和新世界——就避役安乐蜥的例子而论，旧世界和新世界分别指非洲和古巴——的不同动物会进化出相同的特征。我的这一发现（我发表了一篇简短的论文，介绍了伪变色龙与变色龙的趋同进化）虽然算不上惊天动地，但也仍然是实实在在的科学进展，可以带来满足感——哪怕退一万步讲，到了我和玛土撒拉都离开这个世界后，后人也仍然会记住我与避役安乐蜥相关的科研成果。

　　只要能够观察有机体，博物学家就可以找到它们在自然界中的位置：它们与生态系统中其他物种的联系，以及它们的生命周期、行为、基因、进化史、生理，而在获得这些信息后，博物学家就会以令自己投身于自然科学事业的哲学观为依据，对这种有机体的重要性做出总体评判。博物学家的探索之旅是另一种形式的狩猎，其目标不是动物的身体，而是新的发现。换言之，博物学家的目的是，把物种当作一个能够长时间存续的整体，不断地把新信息编入与物种相关的永久记录中。这是一段尤其令人满足的旅途，原因是它会让博物学家进入现实世界中人类几乎一无所知的那一部分，而在过去 200 万年间的大部分时间内，这一部分现实世界又恰恰为人类提供了进化的舞台。博物学家的双眼能够赋予活力，是人类对原始人类环境的有序反应。

那么原始人类环境到底是什么样的呢？要想回答这个问题，我们就必须在一定程度上把书写自然史的过程转变成进行美学判断的过程。我探索过的生境越多，就越是明确地感觉到，生境有某些共同的特征，能潜移默化地吸引我，让我集中注意力。生境拥有某些定义十分严格，对人类祖先的生存有着重大意义的品质，即便是到了现在，我们的大脑也会自然而然地对这些品质做出最强烈的反应——这样的结论难道没有道理吗？我并不是指人类拥有这样的本能。目前还没有任何证据能够证明，人类大脑中存在与这一本能对应的硬件，能够以遗传的方式代代相传。我们的绝大部分知识都是通过学习获得的，但我们也必须承认，我们学习某些事情的速度要比学习另一些事情快得多。因此，偏向性学习的假说至少是值得探索的，而回答下面的两个由此引出的问题应当是逻辑上讲得通的出发点。为人类大脑的进化提供了背景的原始生境都有哪些主要特征？如果拥有完全自由的选择权，那么人类会选择什么样的生境？

乍一看，这两个问题似乎永远也找不到答案，但我们还是能够以下列具有普遍意义的生态学知识为途径，找到破解难题的钥匙：任何有机体要想生存下去，关键的第一步就是选对生境。如果来对了地方，你就很有可能觉得万事皆顺。这里有熟悉的猎物，狩猎轻而易举；这里有趁手的材料，转眼间就能搭好遮风避雨的帐篷；这里的捕食者容易上当，从来都不会把你逼入绝境。对拥有复杂感觉器官和大脑的每一个物种来说，绝大部分感知及认知能力的主要功能都是选择合适的生境。这些能力决定了物种的个体能听到什么样的声音，看到什么样的景色，闻到什么样的味道，以及这些外部刺激能引发什么样的反应。

动物会遵循与生俱来的行为规则，去寻找那些自身的身体结构及生理特征尤其适应的路径及角落。少数动物必须在出生后的头几分钟就做出事关一生命运的关键选择。袋鼠也许是哺乳动物中的极端个例：刚出生的幼崽必须离开母亲的生殖孔，横穿母亲的肚皮，找到藏在育儿袋深处的乳头。只有花生大小的袋鼠幼崽完全没有视觉，必须依靠本能，准确地解读母亲毛发的触感及毛发释放出来的气味，不能有一分一毫的差错。如果人类婴儿想要完成相同的壮举，就意味着他必须不借助任何帮助，独自离开子宫，然后在地毯上爬行，径直穿过独栋住宅，找到育儿室，之后再爬到婴儿床里，找到奶瓶，开始自己喝奶。

许多动物都拥有准确的生境选择能力，以至于对那些亲缘关系很近的物种来说，比起靠明显的生理特征来分辨某个个体到底属于哪个哪种，观察它会在哪里栖息反倒很有可能是更便捷的方法。举例来说，北美鹟是一种体形较小、颜色不怎么鲜艳的鸟类，会在树枝间来回飞行，捕食空中的昆虫。只有鸟类专家才有本事只看一眼外貌，就能分辨出不同种类的鹟，但如果把生境的因素也考虑在内，那么即便是刚入门的鸟类爱好者也能八九不离十，说出自己观察到的鹟到底属于哪个物种。桤木纹霸鹟主要生活在沼泽地和湿气很重的树丛里，其他种类的鹟则会分别在针叶林、寒冷的酸沼、农田、开阔的混生林这几种生境中选择特定的组合去生活。

生活在美国中部的草原鹿鼠是一个启发意义甚至比鹟还要大的例子。野生的草原鹿鼠种群只在开阔的空地上生活，对各种类型的森林避之不及，即便是那些长满了野草的开阔林地也对它们没有吸引力。生物学家在户外围场建立模拟草原鹿鼠主要的自然生存环境的实验场地，然后在场地内饲养鹿鼠，结果发现鹿鼠喜欢在开阔地栖息的倾向是与生俱来的，只是如果它们刚出生的时候就能在开阔的地上生活，那么这种倾向就会得到进一步加强。此外，生物学家还发现，如果在人工饲养条件下进行选择繁殖，那么只需要不到 20 个世代，鹿鼠种群就会失去喜欢开阔地的倾向，其个体既有可能选择开阔地，也有可能选择林地，概率是五五开。

蝾螈、青蛙和昆虫的体形更小，所以也会相应地对更为细微的环境差别进行区分。它们要么栖息在石头下面能够准确满足特定条件的位置，要么在植被的表面找到湿度、光照、温度这三大因素的组合对本物种的生存最有利的点位。就连大肠杆菌也能轻车熟路，在尺寸只有一滴水那么大的生境里找到营养物质浓度最高的位置——只不过，它的移动方式的确也很奇怪。大肠杆菌的身体末端长有形似鞭子的鞭毛，可以像船只的推进器那样，以旋转的方式为其提供前进的动力。如果鞭毛旋转后，大肠杆菌从营养物质浓度高的位置来到浓度低的位置，也就是令其远离了营养物质，那么大肠杆菌就会通过使组成鞭毛的纤维飞散开来的方式来改变旋转方向，以达到修正前进路径的目的。此时，大肠杆菌会不断地在水中左跌右撞。跌撞停止后，组成鞭毛的纤维就又重新扭到一起，从而让大肠杆菌获得重新选择游动方向的能力。大肠杆菌不断地试错，最后终于抵达了水中营养物质浓度足够高，可以进行摄食活动的点位。微生物学家已经找到了控制鞭毛——鞭毛是目前已知的最简单的生物定向工具——的基因及敏感蛋白质。他们搞明白了什么样的变异会改变控制鞭毛的分子结构，能够以诱发变异的方式来改变大肠杆菌的游动方向。进化论通过了一项重要的测试：人类能够以改变有机体基因的方式令其不自觉地选择不适宜的生境，从而走向自我灭亡。

我们关心的问题是，什么样的生境才是适合人类生存的生境。智人可以在任何生境中生存早已变成了老生常谈——我们可以在浮冰上扎营，可以在洞穴内生活，可以潜入海底，可以探索太空，简直无所不能——但这样的结论并没有反映所有事实。人类必须不断地对环境做出调整，才能令大气条件始终维持在适宜人类生存的狭窄区间之内。此外，一旦解决了生存问题，人类就会投入大量时间来美化环境，改善自身所处环境的外观。我们的目的是把一种通常被称作美学标准的尺度当作衡量标准，来让自己所处的生境变得更加"宜居"。

美学让我们回到了亲生命性的核心问题上。美学作为一个矢量在文化演变的过程中的主要前进方向是一个很有意义、十分值得研究的问题。换言之，我们人类与鹪和鹿鼠一样，也在不自觉地竭尽全力，寻找最理想的生境，而对理想生境的探索正是我们的研究对象。既然动物在一个又一个世代的自然选择过程中获得了定向工具和与生俱来的知识，变得能够自主选择生境，那么人类有可能也可以做到相同的事情。如果某些人类感受是天生的，那么我们就很有可能无法轻而易举地用理性的语言来表达这些感受。更有可能找到答案的方式是，探索人类大脑进化环境的本质。这样一来，我在前文中提出的逻辑假设就能用更准确的语言来表达了。可以肯定的是，现代人类一旦获得了选择生存环境的话语权，我们做出的选择就一定会拥有某些与古人类所处的物理环境完全相同的关键特征。

　　考古发现似乎已经找到答案，可以明确地描绘出人类最初所处的环境。在过去 200 万年的大部分时间内，人类先是生活在非洲的稀树草原上，之后又迁徙到了亚欧大陆的稀树草原上——此类生境是面积广阔、零星分布有小树林和孤树的草原，与现在的草原保护区十分相似。我们的祖先似乎选择了一条中间路线，既不愿涉足赤道附近的雨林，也不愿前往荒漠地带。这样的选择完全不是预先注定的事情。雨林和荒漠这两种极端生境没有任何足以令灵长类动物无法生存的独特之处。大多数猴类、猿类都可以在雨林中繁衍生息，而阿拉伯狒狒、狮尾狒则是两个特化种，可以在非洲相对贫瘠的草原和半荒漠地区生存。我们可以从两个角度来看史前的人属（*Homo*）物种，要么把它们视作现代人类的祖先，要么认为它们是旧世界灵长类动物大规模分化演化所产生的众多分支中的一支。如果从第二个角度来看，人属物种就成了选择热带稀树草原这种中间生境的少数派。大多数研究早期人类进化史的学者都认为，双足直立的行走方式和自由摆动的手臂能够让人类的祖先适应开阔的热带稀树草原，让他们更好地利用草原上丰富的果实、根茎和猎物。

对身体来说，情况肯定是这样的。但从**心理**的角度来看，情况同样也是这样的吗？人类的心理是不是同样也更加喜欢草原生活，以至于我们可以认为人类之所以会欣赏草原之美，是因为对草原的喜爱已经深深地刻在了我们的基因中？三位科学家——戈登·奥里恩斯、段义孚和勒内·杜博斯①——分别开展独立研究，证明情况的确是这样的。他们指出，人类会付出极大的努力，让诸如正式的园林景观、墓地、郊区的购物广场之类与草原相去甚远的场所变得与稀树草原十分相似，在竭力保持空间的开放性的同时，又不会让景观显得空无一物，既要让周围的植被展现出一定的规律性，又不会过分追求几何上的完美。奥

---

① 勒内·杜博斯是法裔美国微生物学家，于 1982 年去世（本书的英文版出版时间为 1984 年）；段义孚于 2022 年去世；戈登·奥里恩斯仍然健在。——译者注

里恩斯的研究特别值得一提——他不仅以现代进化理论为依据阐述了上述理念，还提供了数量不多却令人沉思的支持证据。按照他的说法，人类祖先所处的环境拥有三大关键特征。

第一，稀树草原一方面不需要添加任何其他要素，本身就拥有大量的动物及植物资源，可以为杂食性的人属动物提供适宜的食物来源，另一方面又能够提供开阔的视野，可以让人类的祖先在距离很远的地方发现动物及由竞争对手组成的群体。第二，稀树草原的某些地形特征是对人类有利的。悬崖、丘陵、山脊可以成为瞭望台，让人类的祖先观察更远处的情况，而悬崖的凸出部、丘陵中的洞穴则是天然的遮蔽处，可以在入夜后为我们的祖先提供居所。长途跋涉时，零星分布的树丛会成为备用的休息处，能够提供有树荫遮蔽的饮水处。第三，湖泊与河流能够提供鱼类、软体动物以及与陆地植物不同的可食用植物。此外，由于人类祖先的天敌大都无法通过深水区，湖岸、河边成了天然的防御屏障，可以让我们的祖先免遭天敌的袭扰。

让我们把这三个因素放在一起：只要我们拥有自由选择的权利，那似乎我们就都会选择树木稀疏、地势较高、临近水体的开阔地。这种放之四海而皆准的倾向已经不再是狩猎采集生活艰苦的生存条件的产物。它在很大程度上已经成了美学标准，会促使人类进行艺术创作、景观设计。那些最有能力选择居住场所的人，那些富贵之人，几乎全都聚集到可以俯瞰湖泊、河流的高地，以及紧贴着大海的悬崖峭壁。他们会在这些地方修建宫殿、别墅、庙宇、企业度假场所。心理学家发现，刚刚抵达陌生地方的人都有前往高塔或其他雄伟壮观、在天际线上十分显眼的建筑物的倾向。要是有了空闲时间，他们都会沿着海岸、湖岸、河边散步。他们沿着水面望去，把目光指向对岸的山丘及高大建筑，想要看看那里有没有神圣又美丽的景色，是不是重大历史事件的发生地，现在有没有成为政府机构、博物馆的所在地，是不是某个大人物的住所。他们通常都能得偿所愿：策林根家族及基堡家族的图恩城堡、维也纳的美景宫、圣艾蒂安大教堂、昂热城堡、布达拉宫全都符合上述标准，而包括冰岛古议会的召开地辛格韦德利、雅典的帕特农神庙、特诺奇蒂特兰的巨大宫殿在内，那些历史更久远、更令人惊叹的古迹也全都不例外。

　　上述三重标准在景观设计原则中的应用最能说明问题。人类一旦被迫在拥挤的城市，或者没有任何特征的地点居住，那么他们就会耗费大量精力，设法创造介于森林和荒漠之间的中间地貌——我们也许可以暂且把这种地貌命名为稀树草原型格式塔①。在罗马的庞贝古城，几乎所有的旅店、餐馆、私宅都配有花园，而大部分花园都拥有下列相同的基本元素：间隔距离十分巧妙的乔木和灌木，草药圃和花坛，水塘和喷泉，以及家神的雕像。如果院子太小，无法为花园提供太多的空间，花园的主人就会请人采用开放式的几何构图方式，在围墙上画上描绘动植物的优美画作。日式花园起源于9—12世纪的平安时代（所以究其本源，日式花园其实起源于中国），同样也具有以下侧重点：有序排布的乔木和灌木，开放的空间，溪流和池塘。日式花园使用的景观植物不仅经过长时间的选育，还要不断地进行修剪，无论是高度，还是树冠的形状，都与热带稀树草原的树木十分相似。在日式花园中，树木的大小及形状与稀树草原上的树木如此相似，会不禁让人以为似乎有一股看不见的力量把亚洲的松柏及其他高纬度的树种变成了非洲的阿拉伯胶树。

我会在第一时间承认，把日式花园与稀树草原放在一起比较的确很奇怪，而二者殊途同归的比较结果也有可能只是一个巨大的巧合。此外，我们每个人都通常会有这样一种倾向，即我们在成人后会渴望保留那些在幼年的成长

---

① 格式塔为德语单词 Gestalt 的音译，意为事物的形式。——译者注

环境中占据主导地位，有时甚至显得稀奇古怪的要素。只不过，我在这里还是要请大家暂且继续承认，景观设计师、园艺师——以及我们这些没有接受任何特别的指示及劝说，就能够自然而然地欣赏园艺的普通人——设计园艺作品的过程回应了人类基因记忆深处对最佳生存环境的记录。只要获得了可以完全自由选择的机会，从统计学的角度来看，多数人都会选择与稀树草原相近的环境。世界上其他地方的大量看似与日式花园没有任何联系的事情也都可以用这套理论来解释。

在远离日本的美国旧西部，拓荒者在一段很短的时间内就获得了可以随心所欲选择定居地点的机会。他们的日记、回忆录清楚地记录了到底什么样的才是最受欢迎、最有可能被开发成定居点的地貌。它不是幽暗的森林，尽管拓荒者可以砍伐森林，把它改造成树篱纵横交错、可以种庄稼的田园。它也不是空无一物的荒漠，因为拓荒者必须引水灌溉，种植牧草和树木，才能把荒地变成有用之地。拓荒者会选择现成的、介于森林与荒地之间的中间生境，那些乍一看就能够让我们认识到价值的土地，那便是地势起伏，放眼望去金色与绿色交替出现的稀树草原，那里溪流纵横交错，湖泊星罗棋布，空气干燥清爽，湛蓝的天空飘着朵朵白云。1849 年，R. B. 马西上校奉美国联邦政府之命探索美国的南部平原地区，在途中发现了布拉索斯河的支流克利尔福克水源地周围的土地，宣称水源周围"方圆八英里的土地是我这辈子见过的最美丽的土地"。

> 那是一片十分平坦的林间空地，不仅牧草丰美，还长有高大的牧豆树。牧豆树的排列极有规律，间距完全相同，以至于整块空地看起来就好似一片巨大的桃树园，而不是一片野地。草地是短短的野牛草，看起来十分整齐，就好似刚刚修剪过的草甸，而土壤则十分肥沃，与红河谷的土壤极其相近。

马西的同伴 W. P. 帕克发表了相同的意见："这里视野开阔，在夕阳的余晖下闪闪发光，是我们此行遇到的最动人的景象。在这里，宏伟的景色与巨大的空间完美地结合到了一起——从我们所在的地方向远处望去，平原一直延伸到远方的地平线，完全看不到边——野牛草就好似金色的地毯，映衬着零星分布的淡绿色牧豆树。"

我在这里插入一点植物学知识：马西在文中提到的牧豆树是一种含羞草亚科的灌木。布拉索斯河两岸的土地的确与热带稀树草原有几分相似，那里的主要植物物种牧豆树也与非洲的阿拉伯胶树是近亲，都属于含羞草亚科。我也感受到过类似的吸引力，在佛罗里达大沼泽地长满锯齿草和北美风箱树的平坦地带旅行的时候是如此，在昆士兰州的桉树林中穿行的时候也是如此，而在南美洲稀树草原地区广阔的处女地远行的时候，这种感觉尤其强烈。

　　不久前，我加入由巴西科学家组成的团队，前往巴西首都巴西利亚周围的高地稀树草原——塞拉多草原——考察。刚一抵达目的地，我们就径直向地势最高的地方走去，就好像是在遵从某种无声的指令。微微起伏的草原尽收眼底，我们向远处望去，高高的草丛、公园绿地、小块的森林、空中不断盘旋的鸟儿一一映入眼帘。我们远眺雨季时像高山一样出现在草原上方的积云，发现远处一些山丘的后方大雨滂沱，整个山谷都被笼罩在灰色的雨幕之下。我们把目光转向相互间距离很远的河流，观察紧贴着蜿蜒曲折的河岸，像长廊一样的森林。我们眺望几乎紧贴着地平线的巴西利亚，一边欣赏城内在阳光下闪闪发光的建筑物、历史遗迹，感觉它们就好似间距恰到好处的阶梯状崖和巨树，一边讨论把城市环境变得更宜居、更人性化的绿化带和人工湖。我们所有人都一致同意，眼前的景色美不胜收。梅尔维尔在《白鲸》中用这样一句话描绘了相似的感受："如果尼亚加拉瀑布只剩下了黄沙，你还会不远万里来欣赏它的景色吗？"

　　那些注重实际的人会指出，有些环境"好就是好"，事情就是这么简单，可以就此打住。为什么要大费口舌，去讨论显而易见的事情呢？我的回答是，显而易见的通常都是意义重大的。某些环境的确令人愉悦，这背后的道理与糖是甜的，乱伦和食人是令人作呕的，团队运动是令人振奋的都是一样的。所有类似的反应都拥有刻在我们的基因中，能够反映遥远过去的特殊意义。可供人类选择的生存环境举不胜举，但我们却拥有一套雷打不动的特定偏好，从不会把目光转向别处——搞清楚这背后的原因仍然是人类学研究必须回答的一个核心问题。

可能还是会有人认为，人类只是在追求其他生物也在追求的理想环境特征。如果事情真是这样，那么与之相关的所有讨论就变得不值一提。如果人性最普遍的品质就好似进食与排泄，同样也是那些低等有机体拥有的本性，那么我们只需要去研究诸如松鼠、食米鸟之类比人类简单得多的动物，就可以更高效地研究人性了。然而，事情并非如此。尽管智人在择偶、食物选择、社会行为等方面在一定程度上遵循与少数其他物种相同的规律，但人类的总体行为模式仍然是独一无二的。除了能够使用象征物和语言，人类的大多数基本认知特征也都是独一无二的。其中似乎就包括亲生命性，这是一种结构复杂、相当非理性的特征，是由我们的灵长类祖先在旧世界的温暖气候中经历的漫长进化史所决定的。若有大角星系①的动物学家来到地球，想要搞清楚人类的道德和艺术是怎么回事，他们就必须首先重构人类的遗传史——我们要想了解自己的道德和艺术，同样也必须这样做。

　　我们还可以用另一种方法来衡量人类的亲生命性到底有多么强大。想象你眼前是一个美丽而平静的世界，这里晴空万里，白雪皑皑的山峰从远方的地平线跃出。在位于世界正中央的山谷中，瀑布沿着陡峭的悬崖奔流而下，注入水晶般清澈的湖泊。崖壁的最高处有一座食物充足、配备了各种技术设备、生活十分方便的房子。工匠在悬崖下方辛勤劳作，复制着世界上某处被视为珍宝的景观——有可能是18世纪末的英格兰园林，也有可能是京都金阁寺的日式园林，总之在这座景观中，流水、树丛、小径的布置恰到好处，实现了完美的平衡。你能够获得人类所能想象到的最极致的视觉享受。只不过，这个世界有一个缺憾——完全没有生命的迹象。这是一个死气沉沉的世界。花园里的植被全都是人造的，每一片叶子、每一根草都是由大师级的工匠剪制上色的塑料工艺品。这里甚至连微生

---

① 西方的一部分新纪元运动参与者认为，大角星系拥有先进的地外文明，愿意与地球的居民分享知识与智慧。——译者注

物都没有——湖中没有漂浮着的微生物，地下也没有处在休眠状态的微生物。这里几乎万籁俱寂，能够打破寂静的只有瀑布时断时续的流水声，以及偶尔有风吹过时塑料树发出的沙沙声。

我们到底身在何处？如果最残忍的事情是承诺一切应有尽有，但却收走了最关键的东西，那么这里肯定就是某一层地狱。这里虽然有空气，还提供了各种精巧的装置，但仍然可以等同于修建在月球表面的坟墓。这是一个有可能令人精神失常的世界（进入太空旅行时代后，这样的世界就不再仅仅是一种理论上的可能性）。一旦失去了美感和神秘感所塑造的氛围，人类的大脑就肯定会迷失方向，渐渐地变得更简单、更粗鄙。与真正的生命相比，那些模仿生命的人造物全都十分低劣，两者根本无法放在一个水平线上进行比较。人造物只是一面可以映射人类思想的镜子。眼里只有人造物就意味着我们的思想会不断内卷，会在一次又一次的自我解读中不断地失去细节，会在一次又一次的自循环中不断萎缩，最终变成彻底失去生命气息的躯壳。

就算出现了例外情况，也肯定都是不完全的、短暂的。少数人可以暂时逃到一个完全由自己的内心以及自己组装的机器构成的世界里——只要满足了个性足够强烈，并且拥有足够明确的目标这两个前提条件，他们就可以待在那里，似乎不会遭受任何可见的损失。在刚刚入职美国黄铜制品公司，进入冶金行业的西里尔·史密斯看来，铸造车间的火光和金属敲击声是一种美学体验：

> 我仍然保留着对那段时间生动的感官记忆：猪油燃烧的气味。铸造车间内熔化的黄铜像溪流一样不断流动。几台冶炼业中已经所剩无几的焦炭井式炉正在运行，工人要么在拉动坩埚，要么在撇渣，要么在倾倒熔化的黄铜。一台柯立斯蒸汽机拥有巨大的飞轮和横穿整座厂房的传动轴，不断地驱动整排的轧板机，场面极其壮观。模锻压力机、螺旋压力机一边跳舞，一边发出清脆的敲打声……直到今天，我也经常做梦，梦到自己身处迷宫一般，到处都是冶炼设备的工业建筑，想要找什么东西，但却永远找不到它。

然而，史密斯并不是崇拜撒旦的学徒，不能完全适应人造的世界。那些变化最迅速，在视觉上最有冲击力的事件对他来说最有吸引力——换言之，类生命现象对他最有吸引力，而我们可以更进一步提出，究其本质，对他最有吸引力的东西仍然是生命本身。即便是在那些充满焦虑感的梦中，他也会去寻找与生命相似，但却无法定义的新体验。史密斯在自传《对结构的探寻》（*A Search for Structure*）

亲生命性

中详尽地讨论了上述议题，把物质世界及技术领域最具吸引力的模式与描绘动植物的艺术作品相提并论。与对机器的反应相比，人类会对有机体做出更快、更全面的反应。只要有机会，人类就会走进自然，去探索，去狩猎，去开辟花园。我们更喜欢那些复杂的、不断生长的以及具有足够的不确定性，能够让我们感兴趣的实体。我们有把那些最了不得的人造物当作生命体的倾向，哪怕退一步讲，也会用雕刻有老鹰、花卉的饰带，以及其他在人类看来能够代表生命真谛的象征物来装饰这些人造物。在未来主义者的想象中，机器的终极形式是能够自我复制，独立于创造者而又对创造者抱有善意的机器人，亦即具有关键类生命特征的机器人。亲机器性——也就是对机器的喜爱——其实只是亲生命性的一个特殊表现形式。

　　人类的上述特质应当让我们对认为人类的命运指向太空探索的观点抱有一定的保留态度。我必须首先给这一论断加上一些限制条件。我是个科学家，从职业的角度来看，肯定是个乐观的人，所以我深受太空探索的鼓舞，从中获得的振奋感大概超过了大多数人。绕轨探测器、空间探测器、在其他天体上软着陆的探测器的探索工作极大地扩展了人类的知识和自我认知，而由此派生出的技术领域则更是好似无垠的旷野。如果我们能够在月球上设立露天矿场，如果我们能采集彗星彗尾中的稀有元素，能够改变金星的大气成分，让它变得具有地球大气的特征（"外星环境地球化"是现在流行的提法），那么我们就不应该迟疑——前提条件是，相关的太空探索必须带来与成本相称的实际利益、科学进步。

然而，让人类开展真正意义上的太空殖民，可就完全是另一回事了。太空殖民有很多诱人的好处，这点毋庸置疑。太空殖民可以让在过去的历史中一直都只能在地球上寻找生存空间的人离开最初的家园，前往无边无际的星海，并同时哺育最精华的人类精神。太空殖民可以在根本上解决世界各国（尤其是美国）的人口过剩问题。太空殖民梦想的先驱者杰勒德·奥尼尔以及包括美国国家航空航天局的工程师在内的其他专家，探索了与殖民计划相关的技术问题，得出明确的结论，认为这样的计划是可行的。他们设想出了巨大的圆柱状和环状太空建筑，无论是规模，还是独创性，都令人叹为观止。从已经公开展示，看起来很有说服力的初步规划图来看，建筑的内部设有农田、公园和湖泊。规划图上的这些可视化效果显然反映出，设计者已经不自觉地对原始人类环境的吸引力做出了让步。在我看来，这正是问题的根本所在。

这是因为，计划制订者的内心深处一直都绷着一根弦，即对殖民者来说，心理健康与身体健康同样重要。一个既无法解决，也不知道后果有多严重的问题困扰着整个殖民计划：在精神的层面上切断殖民者与地球生命的联系最终会不会造成致命的后果？我们也许能够以建立起由微生物、植物组成的无限循环的方式来创建稳定的生态系统。然而，这样的生态系统终将只能是一座与母星切断了一切联系、令人感到绝望的袖珍孤岛；与为人类进化创造了条件的地球环境相比，这座孤岛无论是结构的复杂程度，还是多样性，都差了好几个数量级。太空殖民者训练有素，十分了解地球的生物圈到底有多么宏伟壮观，所以对他们来说，单调乏味的人造生态系统肯定会令人窒息。

　　殖民者还必须面对一件更加痛苦的事情，那就是他们不得不承担起责任，确保殖民站能够存活下去。我们所预见的殖民者在太空殖民点的精神生活与人类在地球上的普通精神生活存在本质上的差异。在太空殖民地，殖民者心里很清楚，如果没有专业人士的干预，殖民地的生态系统就会分崩离析，而在地球上，我们则只需牢记，只要人类不去蓄意破坏，地球生态系统就不会走向毁灭——与后者相比，前者的确令人胆寒。太空殖民地就好比重症监护室里的病人，必须依靠医疗手段才能维持生命，而地球生态系统就好比一个大摇大摆走在街上的健康人。我们不能指望太空殖民者承担起如此重大的责任——就维持生态系统这个特定的问题而论，人类天性如此，是无法扮演上帝的角色的。因此，在我看来，认为人类可以离开地球，在太阳系的各个角落建立殖民地，甚至可以在太阳系外开展殖民活动的梦想着实有些好高骛远了。

上述与太空生活相关的辩论象征意义大于实际意义。在公众关注的事项中，太空殖民的排名十分靠后，要等到好几个世代之后才有可能成为现实——就现在的情况来看，太空殖民可能会在 21 世纪被提上议程。我们现在之所以会去讨论这个问题，是因为这样做可以让我们认识到人类的自我认知到底有多么贫乏。胆大妄为的破坏倾向是人类根深蒂固的本性，但我们对这种倾向的了解却少得可怜。无论是去研究这种倾向，还是想要去管理它，都十分困难——这显然可以证明它拥有古老的生物起源。如果我们仍然把这种倾向视为人类历史的副产物，认为可以用简单的经济和政治手段来消除它的影响，那么我们肯定就会令自己身处险境。哪怕退一步讲，逃离地球，向外星进发也是无法克服人性中索福克勒斯①式的缺点的。人类既然在地球上都表现得如此糟糕，又怎么可能在太空殖民地生物资源更匮乏、要求更严苛的环境中生存下去呢？

因此，投入更多的资金，去研究人类心理的运作模式肯定是更明智的选择。我们应投入更多的精力，在质的层面上关注人类对其他有机体的依赖性。人类大脑的倾向

---

① 古希腊的悲剧作家。——译者注

是，把生命的证据当作丝线来编织思想——在这一过程中，大脑不会仅仅利用生存所需的最低限度的证据，而是会毫无节制，用最奢华的丝线编织出一幅几乎足以影响我们一举一动的图画。人类可以在几乎没有动植物的环境中成长，在表面上不会表现出任何不对劲的地方，这与关在笼子里，在实验室里长大，看起来没什么不正常的猴子，以及关在牛圈里，靠吃饲料长肥的牛是一个道理。去问这样的人是否幸福，你多半会得到肯定的答案。然而，他们还是缺少了某些至关重要的东西，这并不仅仅是那些可以想象到、有可能体会到的知识和乐趣，还包括那些由人类大脑的特殊结构所决定的各种容易被人类接受的经历。对这一点我是十分肯定的，所以我要在这里提出这样一条实用建议：无论在太空中，还是在地球上，草坪、盆栽植物、笼养的鹦鹉、宠物狗、橡胶蛇玩具都是远远不够的。

第八章

自然保护伦理

The Conservation Ethic

人类如果对某个重要的议题知之甚少，那么十有八九会首先提出与伦理相关的问题。接下来，随着知识的积累，我们会渐渐变得更加关注具体的、无关道德性的信息——换言之，我们的探索变成了狭义上的对知识的追寻。最后，由于我们对议题的理解已经足够充分，我们关注的问题又回到了伦理问题。环保主义正在从第一阶段进入第二阶段，而我们更有理由相信，环保主义有希望大步前进，径直进入第三阶段。

　　人类能否在道德理性领域取得这样的进步，事关自然保护运动的未来。环保道德理性的成熟发展与生物学及一种名为生物伦理学的新兴混合学科（近些年来，生物学的发展催生出了大量的技术进步，而生物伦理学的目的正是处理由此产生的伦理问题）的成熟发展息息相关。哲学家和科学家正在以更正式的分析方法来处理某些复杂的问题，比如在筹备难度极高、成本巨大，但却能延长患者生命的器官移植手术方面，应当如何分配稀缺的器官资源，又比如利用基因工程技术来改变人类遗传特征的可能性。他们刚刚开始用同样严格的眼光去审视人类与其他有机体的关系。显而易见的是，要想对关系做出准确的分析，就必须搞清楚人类的动机，亦即导致人类喜欢某些事物而讨厌另一些事物的根本原因——比如说，为什么比起只有城区的城市，大家会更喜欢配有公园的城市。我们的目的是，把情感与对情感的理性分析结合到一起，提出一套更深刻、更持久的自然保护伦理。

生态学先驱、《沙乡年鉴》（*A Sand County Almanac*）的作者奥尔多·利奥波德将伦理定义为一套为了帮助人类应对某些特定外部环境的挑战而设立的规则，这些外部环境要么太过新颖，要么过于复杂，要么会在遥远的未来产生某种后果，以至于普通人完全无法预见自己的行为最终会造成什么样的结果。现在看起来对你我都好的事情也许不消十年，就很有可能变成一杯苦酒；看起来在之后的几十年间都完美无缺的决定，也许会毁掉我们后代的未来。所以说，任何伦理标准要想做到名副其实，就必须考虑到遥远的未来。生态学与人类思想的关系太过复杂，仅仅靠直觉和常识是根本没有办法完全搞清楚的——所谓的常识不过是一种言过其实的能力，是由我们在 18 岁前获得的一系列偏见组成的。

价值观会随着时间的推移而变化，要想让价值观一成不变，简直比登天还难。我们想要让自己和家人健康、安全、自由、快乐；我们同样希望在遥远的未来，我们的后代也能够健康、安全、自由、快乐，但却并不想为此付出过高的代价。保护伦理所面临的最大困境是，人类是自然选择的产物，大都只会在具有生理学意义的时间尺度上思考问题。我们对过去和未来的思考被限制在了几小时、几天的尺度上，至多也不会超过 100 年。森林也许会被全部砍伐，辐射水平也许会慢慢上升，冬天也许会变得越来越冷，但只要这些变化不大可能在几个世代内造成决定性的不利影响，那么会提出反对意见的人就肯定屈指可数。在生态学及进化学上有意义的时间尺度以百年、千年为计，我们人类虽然能够形成与之相关的知识模式，但却并不会因此受到直接的情感冲击。只有在接受了非比寻常的大量教育、经历了漫长的反思之后，我们才有可能在情感上对遥远的未来做出反应，继而把后代的命运摆到重要的位置上。

要想制定更深刻的自然保护伦理，就必须更多地从进化现实主义的角度来思考问题，其中就包括进行价值衡量，比较我们自身与其他人类的价值孰重孰轻。对于那些将会在遥远的未来出生的后代，我们到底肩负着什么样的义务呢？虽然有可能会得罪某些读者，但我还是要给出这样的答案：我们对他们没有任何义务。隔着几百年的时间去谈义务是完全没有意义的事情。然而，做出规划，确保后代的未来，对我们自身又意味着什么呢？所有的一切。如果说人类的存在拥有任何可证实的意义，那就是我们所有的激情、劳作都可以算作实现机制，其目的是令人类的存在以不间断、不受污染的方式越来越稳固地延续下去。我们去思考遥远的未来，不是为了未来的世代，也不是为了任何抽象的道德观念，而是为了我们自己。我们应当用什么样的具体方法来思考未来，应当用什么样的语言把它表达出来，是至关重要的事情。这是因为，如果我们每个人整个生命过程的意义都在于延续人类这个物种，在于把我们体内的基因传给下一代，那么为未来世代的生存做准备就成为人类所能触及的最高道德标准的表现方式。我们可以就此得出这样一个结论：自然世界在过去的数百万年间为人类大脑提供了进化的舞台，所以破坏这个舞台是极其危险的行为。任由大量的物种同时灭亡是最危险的赌博，就算我们之后又做出让步，让自然环境获得更多的空间，大自然也永远都无法重现其原本的生物多样性。奥尔多·利奥波德告诫我们，修补匠最重要的工作原则是，不要丢掉任何一个零件。

我们可以从另一个角度来表达上述主张。在之后的几年间有可能发生的事情中，哪一件最有可能令我们的后代追悔莫及？所有的人，不管他是国防部长，还是环保主义者，都会一致同意，最糟糕的事情莫过于全球核战争。一旦爆发全面的核战争，全人类的生存就会受到威胁；普通人将再也无法过上自己想要的生活。核战争的可怕危险不言自明，但如果所有的拥核国家都不会按下发射键，那么**有可能**发生的最糟糕的事情——实际上，这些事情都正在发生——就不会是能源枯竭，不会是经济崩溃，不会是常规战争，甚至不会是极权政府的对外扩张。虽然这些灾难会让我们这代人陷入悲惨的境地，但只要过上几个世代的时间，一切就会恢复常态。现如今，只有一个正在发生过程中的人类行为会造成需要数百万年才能彻底恢复的损失，那就是破坏自然生境，导致基因及物种多样性遭受损失。在我们做的所有蠢事里面，这很有可能是我们的后代最难以原谅的。

物种灭绝的速度正在不断加快，在之后的 20 年间有可能会达到对我们后代的未来造成毁灭性危害的程度。遭受到灭绝威胁的除了鸟类、哺乳动物，还有那些个头要小得多的物种，比如苔藓、昆虫、鲦鱼。保守估计，本书写作时全球每年有 1 000 个物种灭绝，而热带的森林及其他关键生境遭到破坏则是造成物种灭绝的最主要原因。到了20世纪90年代，每年将有不少于1万个物种灭绝（也就是每个小时都会有一个物种灭绝）。照这样的推算，在此后的30年间，全球会有整整100万个物种受到威胁或濒临灭绝。

无论真实的灭绝速率到底有多高——由于进化生物学的研究仍然处在初级阶段，所以我们目前只能在一定范围内对灭绝速率进行大体估算——目前的物种灭绝速率都足以创下近代地质史中的最高纪录。此外，目前的物种灭绝速率还远高于进化产生新物种的速率，从而导致全球现有的物种多样性进入净下降的快车道。在过去的1 000万年间，进化产生的许多大类有机体，包括秃鹰、犀牛、海牛、大猩猩在内，许多我们熟知的物种已经在灭绝的边缘摇摇欲坠。对大多数深陷灭绝危机的物种来说，目前生活在野外的个体将成为最后一批野生个体。不把这种大出血一样的物种损失当回事，认为这只是正常的"达尔文式"过程，即物种会自然而然地出现、灭绝，而人类只是最新出现的环境负担的看法大错特错。人类的破坏能力是前所未有的新威胁。就破坏性而论，也许只有大约每过一亿年击中地球一次，将爆炸的碎片抛入大气层，把大地笼罩在黑暗中的巨型陨石能够与之相提并论了（最近一次巨型陨石撞击发生在6 500万年前，是导致恐龙灭绝的主要原因）。然而，即便是巨型陨石的撞击，其间隔时间也相当于整个人类文明史的 1 万倍。在我们存活的这短短几十年间，人类将会遭受无可比拟的损失，会失去生命提供的美学价值、生物学研究所能产生的实际利益，以及全球范围的生物稳定性。生物多样性就好似深深的矿井，而人类只顾着开发利用自然，挖开矿井，把资源丢得到处都是，甚至连矿井里藏着什么样的宝藏都没能完全搞清楚。

现在为时已晚，不管是简单的答案，还是神圣的指引，都已经无法解决问题，就连意识形态的对抗也即将走向终局。向工业社会的齿轮丢沙子，阻止社会的正常运转肯定于事无补，紧抱着一成不变的想法，认为后人可以解决历史上的创新所造成的全部问题更是要不得。现如今，我们最需要做的三件事情是：第一，获得更多的知识，在生物学层面上真正搞清楚我们所面对的问题；第二，以互敬互爱的态度来面对共同的需求；第三，建立起那种曾经被沃尔特·白芝浩称为有节制的躁动的领导模式。

在正统宗教和意识形态占据主导地位的社会中，道德哲学通常都没有得到应有的重视。环境保护问题错综复杂，是对道德哲学尤其严峻的考验。把时间尺度放大到能够包含生态事件的程度后，判断任何特定的决策是否明智就变成了极其困难的事情。所有的一切都充满了不确定性，折中路线会变得困难重重，就连普遍适用的解决方案也接连失败，令人心灰意冷。请大家想象一下这样的情况：一个人也许会被与他生活在同一个时代的人当作恶人，但到了未来，他反倒有可能被那些人的后代奉为英雄。如果一个暴君为了满足个人欲求，小心翼翼地保护本国的土地和自然资源，而使民众陷于贫困，那么他有可能无心插柳，在减少人口的同时，把资源丰富、有益健康的环境留给国民，从而让这个国家的人民在进入民主时代后享受所有这一切益处。所以从长远的角度来看，这个考迪罗①反倒增进了本国人民的福祉，原因是他不仅给国民留下了更丰富的自然资源，还让未来的世代获得了更大的自由行动空间。完全相反的事情同样也有可能发生：今天的英雄也许会变成明天的破坏者。深得民心的政治领袖能够让民众释放出更大的能量，从而提升他们的生活水平，但与此同时，这样做也许会引发人口爆炸，导致资源遭到过度开发利用，并令大量人口涌入城市，结果在未来造成严重的贫困问题。当然了，上文的这两个例子都非常夸张，是极端的例子，不太可能在现实中发生，但这仍然足以证明，在具有生态学及进化学意义的时间尺度上，好心不一定能办成好事，作恶也不一定会结出恶果。盯着距离现在

---

① 指拉美的独裁者，是以暴力攫取权力、靠暴力维持地主资产阶级统治的独裁军人。——译者注

不久的未来做出选择，以期得到最好的结果，并不困难。放眼遥远的未来做出选择，以期得到最好的结果，同样也不困难。但是既要盯着距离现在不久的未来，又要放眼遥远的未来，那么做出选择，想要得到最好的结果，可就困难重重了——在思考这类问题时，决策者经常会陷入自相矛盾的境地，必须求助于尚待制定的伦理标准。

要想制定长久有效的伦理标准，就不能以绝对的前提条件为基础一蹴而就，而是必须循序渐进，像制定普通法①那样，借助历史上的案例，不断地征集看法，达成共识，在心理发展表观遗传规则的影响下逐渐积累知识和经验，在此过程中让心怀善意且勇于担责的人在不同的选项中做出选择，最终制定出一套达成一致的准则和指导方针。

自然保护伦理正沿着这条路线不断演化。数世纪前出现的自然保护伦理只是一些偶尔的想法和零星的行动。世界上第一批生物保护区与大多数早期的艺术创作、学术研究一样，也是私欲的副产物，目的是让统治阶级享乐。此类生物保护区的例子有斯里兰卡岛上康提王朝的御花园、欧洲各国君主的王室狩猎保护区，以及夏威夷群岛中以尼

---

① 普通法指英美法系，是判例法，会反复参考判决先例，最终形成普遍的、约定俗成的法律。——译者注

豪岛为代表的少数岛屿，还有位于佛罗里达湾的愈疮木岛（Lignumvitae Key）——这些岛屿全都被圈了起来，成为私人领地。

我不仅踏遍了除尼豪岛之外上文提到的所有保护区，还造访了许多其他保护区，目的是想要在保护区内找到开展原创生物研究的机会。1953 年 6 月 25 日，也就是在菲德尔·卡斯特罗向位于圣地亚哥的蒙卡达兵营发起进攻的一个月前，我抵达古巴，乘吉普前往西恩富戈斯附近一个名叫布兰科森林的地方，去完成一项困难程度完全不能与武装革命相提并论的任务。布兰科森林的所有者是个富豪家族，他们居住在西班牙，不愿开发这片土地。周围的森林已经全都遭到砍伐，被开发成了牧场和农田，布兰科森林则变成了一座能够为沿海低地地区的原生动植物提供庇护的珍贵避难所。这座森林没有任何其他吸引人的地方，但置身其中，就好像翻开了古巴的地质史，进入了在人类出现前的更新世时代——所有这一切都得益于一个富豪家族在某些人看来自私自利的行为（他们这样认为也的确有理有据）。在过去的 5 000 万年间，包括古巴在内的大安的列斯群岛从中美洲分离出来，开始了向东漂移、横穿加勒比海的旅程。在这一过程中，数不清的动植物离开美洲大陆及周边的岛屿，迁移到了古巴的森林中。许多迁入的种群最终都难逃灭绝的命运；其他的种群生存下来，经过

亲生命性

数千个世代的演化，变成了地球上独一无二的属和种，最终形成了由竞争者、捕食者、猎物编织而成的复杂生态系统。生物学家给许多古巴的特有种起了能够反映其起源地及唯一分布区的拉丁语学名，比如古巴的（*cubaensis*）、安的列斯的（*antillana*）、加勒比的（*caribbaea*）、岛屿的（*insularis*）。现如今，情况已经糟糕到了这样的地步：在进化史上根本不值一提的一小段时间内，也就是在菲德尔·卡斯特罗和一个年纪与他差不多的昆虫学家——这个昆虫学家与英雄事迹完全不沾边，只是造访了古巴岛上一个没有任何战略价值的地区——的有生之年，古巴岛上的大片森林都已经消失不见，古巴的大量自然史也随之湮灭。1953年，卡斯特罗在巴蒂斯塔独裁政权的法庭上宣称，历史将会证明他是无罪的。我不知道历史会不会做出这样的判决，也不知道古巴的社会主义政权有没有打着"为了人民"的旗号——这其实只相当于为了当前这一两代人的利益——砍倒了布兰科森林，更不知道有朝一日，到了革命英雄和政治革命已经在记忆中变得越来越模糊的时候，古巴人民到底会在多大程度上把以布兰科森林为代表的地点视为珍贵的国家遗产。

世界上其他地方的自然保护事业同样也受制于偶发事件和短期的社会需求。银杏是亚洲远古时期的森林存留下来的"活化石"，是裸子植物门银杏目现存的唯一一个物种，而它之所以能够摆脱灭绝的命运，是因为在过去的几百年间，在野生银杏早就灭绝之后，中国和日本的寺庙喜欢把银杏树当作景观植物。麋鹿曾经在中国拥有广泛的分布区，但最终其野生种群仍然因为过度捕猎而灭绝，以至于北京南海子皇家猎苑的种群成为全球唯一的麋鹿种群，就这样存续了好几个世代。1898 年，在这个最后的麋鹿种群即将遭遇灭顶之灾[1]前不久，贝德福德公爵在沃本修道院建立了一个新的麋鹿种群。此后，沃本修道院的种群成了源头之水，被用来为其他保护区和鹿苑提供新鲜血液。这种在最后关头挽救濒危物种的案例之所以意义重大，是因为只要濒危物种能够存续下去，我们就可以保留重建原始动植物区系的可能性。我们可以把濒危物种的个体重新引入原始生境，让它们不断繁衍，直到种群数量达到稳定的水平。有朝一日，我们也许能再一次看到麋鹿在中国古老的森林中漫步的景象。[2]

有些种类的有机体之所以能生存下来，完全是因为它们阴差阳错，成了宗教和魔法的受益者。在以色列，珍稀植物大都因为城市周围的农业开垦而失去了立足之地，但

---

[1] 这里指八国联军侵华。——译者注

[2] 截至 2022 年，我国麋鹿种群数量已经从重新引入初期的 70 余只增长到 1 万只以上。摘自光明网《麋鹿"重生"记：从本土灭绝到种群复壮》。——编者注

却仍然能够在但丘——位于约旦河水源地附近的圣人墓地——及其周边地区生长。生物学家迈克尔·詹姆斯·德纳姆·怀特前往澳大利亚，去研究一种有趣的、属于莫蟖科（Morabinae）的蚂蚱的基因组成，结果发现这种蚂蚱数量足够多的地方不是墓地，就是铁路沿线。在印度的西高止山地区，那些历史可以追溯到狩猎采集时代的神圣树林是目前当地残留的原生动植物保存状态最好的地方。马达夫·加吉尔是印度最杰出的生物学家之一，曾经获得由总理英迪拉·甘地亲自颁发的科学金奖；他提出建议，认为印度政府应当把这些神圣树林当作核心，建立起一个全国性生物保护区体系。

现代的自然保护实践已经稳步前进，离开了上述原始的起跑点，但自然保护的哲学基础仍然十分薄弱，仍然几乎完全依赖那些也许可以被称作表面伦理的伦理标准。换言之，在评判人类与其他生命的关系时，我们会找出其他更容易定义的道德行为，把适用于这些行为的评判标准当作依据。我们大约可以把这样的论证模式等同于因为好的文笔可以增加图书的销量而发展文学，因为艺术创作能力的提升可以催生出更好的肖像画、科技插图而推广艺术。当然了，这样的评判标准本身并没有错——问题在于，它的涵盖范围实在太不全面了。

因此，我们人类会偏爱特定种类的动物，原因是它们乍看起来可以起到替代亲人的作用。在所有促使人类养育其他动物的理由中，这当然是最难以拒绝的，只有最粗鲁无礼的人才有可能去挑毛病。狗的习性与人类的习惯相似，也喜欢打招呼，也会阿谀奉承，是尤其受欢迎的宠物。它们会把自己所属的家庭当作狗群的一部分。它们会把饲主当作体形巨大的狗，默认他是狗群的领袖，会争先恐后地与饲主套近乎。既然狗会兴高采烈地与我们打招呼，会不断地摇尾巴，会大张着嘴流口水，像是在大笑一样，会耷拉耳朵，会趴在地上讨好我们，会炸毛，会在有人入侵领地的时候吠叫不止，我们当然也会对它们的种种行为做出热情的回应。（就在我写下这句话的时候，我养的可卡犬突然叫了起来，原因是当时刚巧有个慢跑的人路过，我不得不放下笔，去平复它的情绪。我不假思索，随口说道："别叫了！好**孩子**！"）人和狗之所以能够和谐相处，关键在于狗是狼的后代，与狼相比，它只是在行为上有了一点细微的改变。无论是狗，还是它们生活在野外的近亲狼，都与人类一样，是欢快的食肉动物，会组成密切合作的群体，擅长捕猎的猎物要么体形大，要么速度快，要么是出于其他原因而难以捕获。狼群当然可以轻而易举地捕获老鼠以及其他的小型动物，但狼群真正了不得的地方在于，它是一台高效的捕猎机器，哪怕猎物是驼鹿这种大型动物也不在话下。这种适应性意味着狼对狼群中其他

　　　　　　　　　　　　　　　亲生命性

成员的情绪变化十分敏感。狗（驯化的狼）时刻准备着与群体的其他成员外出狩猎。它们蓄势待发，只要人类饲主一声令下，它们就会跟着饲主冲出房门，去追猎松鼠、兔子这样的猎物；猎物毙命后，它们又会小打小闹，摆出各种姿势，重新确认与饲主的从属关系，最后再与群体中的其他成员分享猎物。如果群体既没有在迁徙的路上，也没有进行任何类似迁徙的行动（比如兴冲冲地乘坐家用轿车，与饲主一起外出），那么狗就会遵循狼的原始本能，对着树干和灌木丛（或者消防栓和电线杆）尿尿，以此为手段来标记领地。回家后，它们又摇身一变，成了饲主的"小孩"。查理王小猎犬经过人类的选择培育，是扮小孩的行家里手。成年的查理王小猎犬体形小、脑袋圆，哈巴狗一样的脸看起来就像是没长大的幼崽——此外，我们还是老老实实地承认吧，查理王小猎犬的脸像极了小婴儿的脸——好像天生就是要被人类抱在怀里一样。

亲缘关系还会以其他意想不到的方式影响我们的情感。我曾经与一只年龄不大，名叫坎兹的倭黑猩猩相遇，经历了人生中最奇特、最令人不安的事件之一。我当时受到休·萨维奇－朗博[①]的邀请，访问位于亚特兰大城外的

---

① 著名心理学家、灵长类动物学家，主要研究倭黑猩猩的语言及认知能力。——译者注

语言研究中心。在萨维奇－朗博的办公室等候的时候，坎兹在一位负责抚养倭黑猩猩的年轻女性训练员的带领下走了进来。那是我第一次亲眼见到倭黑猩猩这种珍稀的灵长类动物。我是个进化生物学家，对倭黑猩猩有着非同寻常的兴趣。有充分的证据证明，倭黑猩猩是一个与普通黑猩猩不同的物种。比起黑猩猩，倭黑猩猩看起来似乎并不是特别适应树栖生活，无论是身体构造还是行为，都具有一些更贴近人类的关键特征。就与身长的比例而论，倭黑猩猩的上肢比黑猩猩的长，而下肢则较短。此外，倭黑猩猩的脑袋更圆、额头更高，下巴和眉骨则没有那么突出。总的来说，倭黑猩猩的骨架结构与南方古猿（*Australopithecus afarensis*）"露西"出奇地相似，而"露西"则很有可能是人类的直系祖先之一。倭黑猩猩是所有动物中最像人类的，其存在提供了有力的证据，可以证明许多生物学家的观点，即人类与黑猩猩的共同祖先生活在非洲，两者的进化路线直到 500 万年前才终于分道扬镳。倭黑猩猩在行为上也与人类有几点相似性，同样令人印象深刻。它们大部分时间都直立行走，与普通黑猩猩相比，它们不仅学做事情的速度更快，发出各种声音的能力也要强得多。与所有其他的灵长类动物相比，倭黑猩猩在性行为方面也与人类更相近。雌性倭黑猩猩在发情周期的大部分时间内都可以交配，在交配时有大约三分之一的概率会

亲生命性

采用面对面体位。

倭黑猩猩同样也是濒危物种。所有的倭黑猩猩野生种群都只生活在扎伊尔共和国 ① 境内洛马科森林的一个偏远地带，但本书成书时竟然有一家德国木材公司已经开始在这一地区开展伐木活动。人工饲养的倭黑猩猩也只有数十只。以萨维奇 - 朗博、阿德里安娜·齐尔曼、杰里米·达尔为代表的科学家认识到倭黑猩猩是一个具有独特重要性，同时又受到严重威胁的物种。他们全力开展研究工作，想要了解倭黑猩猩的生物学知识和社会行为。地球上生活着大概 3 000 万个物种，在我看来，倭黑猩猩是其中最值得优先研究、最值得保护的物种。

坎兹走进办公室，发现我坐在屋子另一端的一把椅子上。它马上就像发了疯一样兴奋了起来，一边大叫，一边不停地给一起进屋的萨维奇 - 朗博和女性训练员打手势，就好像在大喊："有陌生人！他为什么会在这里？我们该拿他怎么办？"几分钟后，它冷静了下来，一边踱着步子，小心翼翼地靠近我，一边左顾右盼，好像是在规划紧急逃跑路线。它走到离我不远的地方后，我慢慢地抬起左臂，把手掌向下、手指微微蜷起的左手伸到了它的眼前。我自

---

① 1971 年 10 月 27 日到 1997 年 5 月 17 日，刚果民主共和国的国名。——译者注

认为这样的姿势十分谦卑，能够表达友好的意图，但坎兹却狠狠地扇了一下我的左手，然后大叫一声，向后逃去。训练员轻声说道："哎呀，你真是个勇敢的小伙子！"（他**的确是个勇敢的小伙子**。）我的手被打得有点疼，但我却一点也不在乎。在那个时刻，坎兹高不高兴、自不自在，似乎要比我个人的感受重要得多。

训练员给坎兹倒了一杯葡萄汁。坎兹接过果汁，躲在训练员的怀里喝了起来。过了一小会儿，它离开训练员的怀抱，又开始慢慢地靠近我。这一次，我从休·萨维奇－朗博那里学到了窍门，一边模仿倭黑猩猩像笛声一样表达和解的叫声，噘起嘴，发出"呜—呜—呜—呜呜"的声音，一边露出我自认为既真诚又警觉的表情。坎兹虽然十分紧张，却仍然伸出手来，轻轻地摸了一下我的手，然后向后退了一小段距离，又开始盯着我看。训练员给我也倒了一杯葡萄汁。我举起杯子，比画了一下，装出要敬酒的样子，然后抿了一口果汁。看到这里，坎兹爬到我的大腿上，拿起杯子，喝掉了杯中的大部分葡萄汁。接下来，我们就抱到了一起。此后，我们三个人与坎兹一起玩球，玩追逐游戏，度过了一段快乐的时光。

这段经历让我感到深深的不安。这与和邻居家的狗交朋友完全不同。我不得不问自己这样一个问题：倭黑猩猩真的是动物吗？训练员领走坎兹的时候（它没和我道别），我突然意识到，我对待它的方式几乎与对待两岁小孩的方式一模一样——我同样也在刚见面的时候感到焦虑，同样也急于讨好，想要尽快建立起沟通渠道，同样也用上了哄小孩的动作，同样也与它分享了食物。就连用来向倭黑猩猩表示和解的叫声也与成年人用来安抚婴儿的声音相差不大。我很高兴自己得到了坎兹的认可，证明自己足够有人性（用人性这个词恰不恰当呢？）、足够**体贴**，能够和它交上朋友。

实际上，我们人类与所有其他种类的有机体都存在着亲缘关系。在地球现存的数百万物种中，黑猩猩和倭黑猩猩与人类亲缘关系最近，是极端个例。人类的基因与黑猩猩的基因对应相似度高达99%，所以说，人类与黑猩猩的所有不同之处完全是由那相异的1%的基因造成的。人类染色体（承载基因的棒状结构）与黑猩猩染色体太过相似，必须借助高分辨率的照片，再加上相关的专业知识，才能看出两者间的许多区别。威尔伯福斯主教[①]最黑暗的想法也许才是事实，创造论者的确很有理由彻夜难眠。基因证据表明，人类的身体构造与黑猩猩的相似，在几个关键的社会行为上也表现出共同点，原因是人类和黑猩猩拥

---

① 即塞缪尔·威尔伯福斯，他曾在1860年时围绕达尔文的进化论与赫胥黎展开论战，嘲笑赫胥黎竟然认为猴子是自己的祖先。——译者注

有共同的祖先。比起现代人类，我们的祖先与现代的类人猿更为相似——至少从大脑和行为这两个方面来看，情况的确是这样的——而从生物进化的时间尺度上来看，人类的进化则更是不久以前才发生的事情。更近一步来说，虽然人类在亲缘关系上与大猩猩、红毛猩猩以及其他种类现存的猿类、猴类相隔更远（比灵长类动物相隔更远的则是所有其他种类的动物），但这也仅仅是一个程度问题，是可以一小步一小步地用 DNA 中逐渐增大的碱基对差异来衡量的。

其他生命与人类在谱系学上的延续性似乎本身就有足够的理由来说服人类，让我们对类人猿及其他种类有机体的延续抱有宽容的态度。这并不会贬低人类——这只会抬升所有非人类生物的地位。我们至少应当迟疑一下，不要一上来就把其他生物当作即抛型的一次性用品。哲学家、动物解放运动活跃人士彼得·辛格甚至提出，人类应当扩展利他主义的适用范围，不要只关心人类本身，而是应当把所有有感觉、可以感受到痛苦的动物都包含在内——这一过程就好像逐渐地令不同种族的人类以兄弟相称，直到绝大多数人类都自然而然地认为自己是人类大家庭的一员。克里斯托弗·D. 斯通在《树木应当拥有地位吗？》（*Should Trees Have Standing?*）一书中探讨了这种善待其他生物的思潮在法律上的含义。他指出，不久前，女性、儿童、外乡人以及少数群体的成员在许多社会中都只能获得有限的法定权利，甚至完全无法拥有法定权利。尽管这种限制特殊群体法定权利的政策曾经很随意地就得到承认，被认为符合主流道德标准，但在生活在我们这个时代的人看来，这却是令人绝望的野蛮行为。接下来，斯通提出了这样一个问题：我们为什么不能让其他物种、让环境作为一个整体，也获得同样的保护呢？人类的利益当然依旧是必须优先考虑的事项，我们并没有放弃人本主义，但我们也不应当把所有权当作衡量正义的唯一标尺。斯通进一步指出，如果我们能制定规程、创造先例，变得能够用法律手段来保护某些公认需要保护的环境组成部分，那么全人类就都会因此受益。我并不确定自己是否赞同这样的理念，但即便退一步讲，我们也应当围绕着这一理念展开更为严肃的讨论，而不是像现在这样，把它束之高阁。

人类是注重契约精神的物种。就连宗教教条也是经过反复拉锯，最终敲定的一套协议体系。我们现在使用的所有权及特权原则也是各方利益经过漫长的博弈，最终达成的协议，而法学家的探索还远没有结束，我们还要走上很长的路，才能搞清楚这套协议的界限到底在哪里。

如果把高尚定义为理性的、不限于权宜之计的慷慨行为，那么动物解放就是最高尚的行为。只不过，如果完全在亲缘关系、合法权利这个扁平的框架内强行为自然保护寻找论据，就相当于降低为自然保护的重要意义发声的重要性，以用一套道德标准为基础来证明另一套道德标准的方式，把自然保护变成表面伦理的一部分。此外，这样做还十分危险。虽然人类喜欢标榜正义，宣称全人类应当以兄弟相称，但实际上，我们每个人都有歧视异类的倾向，会把轻浮可笑的理由当作发动战争的借口，把异类赶尽杀绝。既然发动战争，消灭与自己不同的人类不是什么困难的事情，那么随便找个理由，彻底消灭其他的物种，肯定就是更简单的事情了。看起来，必须来点赤裸裸的生物现实主义，才能把问题讲清楚了。我们必须运用由加勒特·哈丁总结的人类利他主义第一定律：如果某人认为某件事有损于自身的最大利益，那么就永远不要要求他去做这样的事情。自然保护的伦理要想站得住脚，就必须找到对人类来说，从根本上讲是有利于自身利益的基础——只不过，我们同时也必须提出全新的、更有说服力的前提条件。

这套方案的一个核心组成部分是这样一个原则，即只要让人类预见到保护土地、物种可以让他们自身、他们的亲属、他们的部落获得物质上的好处，那么他们就会表现出强烈的保护意愿。仅仅从这样纯经济的角度出发来进行评判，物种多样性也足以成为地球上最重要的自然资源之一。此外，物种多样性同样也是目前利用度最低的自然资

亲生命性

源。人类的生存完全依赖于占现存总量不到 1% 的物种，占总量 99% 的其他物种完全没有得到利用，是等待人类开发的处女地。诺曼·迈尔斯不久前做出估测，指出在整个历史进程中，人类只利用了大约 7 000 种植物作为食物来源，而人类粮食生产的关注重点则更集中在小麦、黑麦、玉米，以及其他十几种高度驯化的植物上面。然而，地球上至少有 7.5 万种可以食用的植物，其中比现在常见的粮食作物更加优秀的种类绝不在少数。如果从表面伦理的角度来为自然保护寻求支持，那么最强有力的论据就是以这种尚未挖掘的潜能为出发点得出的逻辑结论：对生命世界的探索利用越是全面，人类用来进行经济生产的物种就越是高效可靠。下文列出了一些有可能成为潜力之星的物种：

　　四棱豆（*Psophocarpus tetragonolobus*），原产于新几内亚，被誉为一站式植物超市。它的蛋白质含量高于木薯、土豆，总体营养价值与黄豆相当。它的生长速度在植物界名列前茅，只要几周就能长到 15 英尺高。它的整个植株，包括块茎、种子、叶子、花、茎，都可以成为食物，食用方式也是既可以直接食用，也可以研磨成粉。它的液态提取物可以用来调制与咖啡相似的饮品。它已经在 15 个热带国家推广种植，用来改善国民的饮食结构，斯里兰卡则更是成立了专门机构，准备更彻底地开展相关的研究推广工作。

冬瓜（*Benincasa hispida*），原产于亚洲热带地区，能够在四天内以每 3 小时 1 英寸的速度生长，可以在一年内多次种植。其果实长可达 6 英尺，宽可达 1 英尺，重量可达 80 磅，可以在结果后任意时间采摘食用。白色松脆的果肉既可以当作蔬菜烹饪，也可以用来熬汤，还可以在拌入糖浆后作甜食。

巴西棕榈（*Orbigyna martiana*），原产于亚马孙雨林的野生树种，被当地人称作"植物奶牛"。其果实形似小椰子，在树上成串生长，单串的果实数可达 600 个，总重可达 200 磅。其果仁含油量高达 70%，可以榨出无色的食用油，用来制作人造奶油、起酥油、脂肪酸、香皂和清洁剂。一块 1 公顷的土地可栽种 500 株巴西棕榈，每年可产油 125 桶。榨油后留下的油渣饼中的蛋白质含量占了大约四分之一，是绝佳的动物饲料。

即便只是开展了有限的研究，生物学家就已经在技术文献中编写了一份抢眼的清单，列出了许多类似的候选物种。人类对绝大多数野生动植物都知之甚少（可以肯定的是，还有大量的动植物物种尚未被发现），甚至都猜不出哪些物种拥有最大的经济潜力。各个物种都能派上哪些用场，同样也是我们无法想象的事情。我们就以天然食品甜味剂为例，人类已经鉴别出了多种植物，发现它们的化学产物能够替代常规的糖类，具有能量可忽略不计且没有任何已知副作用的优点。原产于西非森林地区的翅果竹芋（*Thaumatococcus danielli*）含有两种甜度是蔗糖 1 600 倍的蛋白质，目前已经在英国和日本大规模上市。名字起得恰如其分的应乐果（*Dioscoreophyllum cumminsii*）同样也原产自西非，其果实比翅果竹芋更胜一筹，含有一种甜度是蔗糖 3 000 倍的物质。

一直以来，天然产物都被称作医药行业沉睡的巨人。每十种植物里面就有一种含有一定抗癌活性的化合物。在目前为止进行的筛选工作中，最成功的案例当数原产于西印度群岛的长春花。长春花会开出有五个花瓣的美丽花朵，但除此之外，外观没有任何特别之处，只是一种路边的野花，是人类充分认识到其全部潜力之前显得微不足道的物种的典型代表——如果不是因为科学家的新发现，它就很有可能作为一种不起眼的开花植物，因人类开垦甘蔗种植园、修建停车场而无声无息地走向灭绝。然而，对长春花的研究偶然发现，它含有两种生物碱，分别名为长春新碱、长春碱，对霍奇金病（一种淋巴肿瘤）的缓解率为 80%，对急性淋巴细胞白血病的缓解率更是高达 99%。1980 年时，这两种抗癌药物的年销售额已经达到了 1 亿美元。

另一个帮助人类实现了医疗突破的野生物种名叫蛇根木（*Rauvolfia serpentina*）。蛇根木产生的利血平[①]是一种镇静剂，主要用于缓解精神分裂症，以及统称为高血压，能够引起患者中风、心脏功能障碍、肾衰的病症。

动植物的天然产物全都是货真价实的"精选品"。这些物质要么用于有机体的自我防御，要么用来控制有机体的生长，是自然选择的产物——在长达无数个世代的自然选择过程中，只有那些拥有最强大化学武器的有机体才有可能生存下来，把基因传递给现在的后代。安慰剂和偷工减料的替代品全都早早出局。大自然已经帮我们做了许多工作，所以医药行业的研究者可以开展以活体组织的提取物为对象的实验，从而大大地提升药物的筛选效率，而不是只能从实验室的药品柜里随机挑选实验对象。以化学和医学的基础知识为出发点研发出来的药物寥寥无几。绝大多数药物都源自对野生物种的研究，是人类以快速筛选的方法从大量的天然产物中找到的宝藏。

同理，在工农业的许多领域，技术进步也是以对天然产物的利用为手段来实现的。最重要的相关技术进步包括：植物石油，一种可以替代石油的新型植物燃料；把可

---

① 又名蛇根碱。——译者注

无限再生的资源当作原料，以远超预想的经济效率生产的蜡和油；用于造纸的新型纤维；以竹子、象草为代表，能够快速生长的含硅植物，可以用于修建经济型住宅；更好的固氮及土壤改良方法；用于病虫害防治的灵丹妙药，即把微生物和寄生物当作武器，去攻击目标物种，不会对生态系统的其他组成部分造成任何危害。即便是以最保守的方法做出推断，我们也可以认为，就算只是继续不温不火地开展研究活动，我们也仍然能够取得更多类似的重大发现。

此外，直接收集野生物种只能算作刚刚起步。我们可以培育具有实用特征的有机体，经过十个甚至上百个世代的人工繁育，最终在提升目标产物品质的同时，实现更高的产量。此外，我们还可以培育出各种品系，既可以把目标物种的栽种、养殖范围扩展到其他的气候带中去，又可以令目标物种适应大规模生产的特殊环境。在未来，目标物种的遗传物质同样也有可能成为资源；我们可以从中分离出不同的基因，把有用的基因导入其他物种的基因组中去。托马斯·艾斯纳是化学生态学的先驱之一，他用一个生动形象的类比解释了人类应当如何在上述两个层面上利用野生有机体。地球上有数以百万计的物种，其中的任何一个都可以被视为图书馆的藏书。无论物种的原产地在哪里，我们都可以把它迁移到其他地方，让它派上新用场。无论物种最初有多么稀少，我们都可以像复印那样，不断地培育新的个体，把它们散播开来，令个体数量变得无限丰富。举例来说，如果某种原产自秘鲁安第斯山脉某个偏远山谷的兰科植物恰巧含有具有药用价值的生物碱，那么即便这种兰花只剩下了最后 100 个植株也不要紧，因为我们可以拯救它，不断地栽培它，把它变成在世界各地的花园和温室中都有栽种的重要作物。然而，这种兰科植物的价值绝不仅限于这种生物碱，以及其他所有它恰巧能够生成的有用物质。物种并不能算作传统意义上的书籍，更像是活页记事本，其基因库中的每一个基因都可等同于能够拆卸的活页。生物学家可以在不久的将来运用新的基因工程技术，把某个物种、某个品系的有用基因挑选出来，导入其他物种的基因组中去。举例来说，我们可以把野生物种的 DNA 片段导入粮食作物的基因组中去，从而令这种经济价值很高的粮食作物获得生物化学抵抗力，变得能够应对原本最具破坏力的病虫害。此外，我们还可以利用同样的过程赋予这种作物其他的特性，既可以让它变得能够在沙漠中生长，也可以延长它的生长季节。

最近在墨西哥西南部山区的森林中发现的二倍体多年生大刍草（*Zea diploperennis*）是一种原始形态的玉米，同时也是野生物种基因资源的典型例子。到目前为止，它的分布区仍然只有总面积仅为 4 公顷左右的三块土地（只要有人开来推土机，只消几小时，他就可以让这个物种完全消失）。二倍体多年生大刍草拥有多年生生长基因，在目前已知的谷类作物中独一无二。所以说，它有可能成为遗传特性的供体，让其他作物获得能够减少生长时间和劳力成本的特性，从而把谷类作物的栽种区扩展到原本并不适合栽种的生态边缘区。

地球上几乎所有的国家都拥有独特的物种、独特的遗传品系，但国民却对此并不知情。无论哪一个国家，只要能够引进这些尚未发现的有用物种，那么其国民就肯定可以从中获益。一想到上述事实，我就会因为人类竟然如此不重视对生命世界的探索而惊叹不已。进化生物学是一个由初期田野调查、分类学、生态学、生物地理学、比较生物化学等众多分支组成的学科，目前仍然属于所有科学分支中经费最捉襟见肘的那一类。热带是地球上绝大部分有机体生存的地方，但 1980 年全世界用于在热带开展进化生物学研究的经费却只有 3 000 万美元——这比两架 F-15 鹰式战斗机的采购成本还要低，仅相当于美国政府划拨的与人体健康相关的研究经费的 1% 左右，甚至只相当于纽约市民几个礼拜的酒钱。

让我们暂且放下那些传统的道德论点。对世界上绝大多数国家的政府来说，只要能够加大投入，去研究本国的生物资源，就肯定能够获得直接的经济效益。进化生物学是一个在贫困线上挣扎的学科，能够产生经济学家口中所谓的规模报酬递增效应：只要向进化生物学投入有限的科研经费，就可以获得远高于投入的收益。这是因为市场活力严重不足会导致大部分机会无法得到利用，最终令市场处在几近空无一物的状态。建立博物馆的初衷是令其成为国家级的研究中心，但世界各地的博物馆却全都出现了人员不足的问题。分类学是博物馆科学家工作的重中之重，但现在却因为缺少资金支持而走向了衰落。考虑到分类学极其重要是科学界广泛的共识，该学科目前得不到资金的艰难处境就更让人捉摸不透了。所有生物学家心里都清楚地知道，如果自己发现了某个有机体，想要寻求分类学家的帮助，确定它的种类，以便开展后续研究，那么漫长的等待可能就是必然的结局。即便研究大有潜力，可以带来可观的经济利益，研究工作也经常可能因为延误和数据不足而无法开展下去。

地球拥有巨大的物种多样性，所以用林奈的双名法来描述生命世界的事业必将作为现代科学的组成部分，一直延续下去。除了建立更多、人员更充足的博物馆，建立专门的机构，对已经完成分类的有机体进行全面的研究同样也会给我们（科学家、世界各国、全人类）带来好处。这些机构可以让我们筛选未知的物种，探索它们的生态及生

亲生命性

理特征，找出具有经济及医学潜力的种类。此外，在此过程中积累的数据还可以揭示物种起源、物种灭绝的复杂过程，而这些信息恰恰对自然保护实践有着必不可少的指导意义。

目前全球有几家这样的高端研究机构，其中包括巴西的亚马孙国家研究所、位于美国马萨诸塞州伍兹霍尔的海洋生物学实验室、位于巴拿马的美国史密森热带研究所。然而，地球上的有机体种类众多，就算这些开创性的研究机构开足马力，全力工作，也只能完成一小部分研究工作。热带拥有全球大约 90% 的物种，所以增强热带地区的科研能力是当务之急。

接下来，我要补充一点乐观的意见，我知道，许多生物学家也是这样想的。对欠发达国家来说，以开发自然资源为目的的研究工作是再合理不过的事情了，对那些热带的欠发达国家来说尤其如此。以开发自然资源为目的的研究同样也是这些国家最有可能负担得起的研究项目。欠发达国家也会偶尔需要使用加速器、卫星、质谱仪以及其他贵重的大型科学仪器，但这样的设备是可以通过与富国建立合作关系的方式来借用的。对那些经济上发展落后的国家来说，更好的出路是组织熟练及半熟练的工人，让他们探索自然环境，去收集、制备生物样本，在样本中选出有潜力的种类进行培育，投入大量的时间密切观察目标样本，以期了解其生长及行为模式。这是一种劳动密集型的科研模式，只有那些打心底里真正热爱自己所在的土地及生长在这片土地上的有机体的人，才能最高效地完成这项任务。研究成果将会在世界范围内得到认可，成为民族的骄傲。

生物学能够发展出厄瓜多尔学派、肯尼亚学派吗？答案是肯定的，前提条件是，厄瓜多尔和肯尼亚的生物学家应当分别把本国原生物种的独特性当作研究的重点。这样的研究会对全球科学做出重要的贡献吗？答案同样也是肯定的，因为进化生物学是一个致力于以研究个例的方式探求全球模式的学科。要想研究进化生物学，就必须搞清楚世界各地动植物的进化史，否则一切都是空谈。更进一步讲，从微观的生物化学到宏观的生态学，生物学的所有分支都正在变得越来越重视进化过程及进化产生的生物特性。

最后一点：巴西、哥斯达黎加、斯里兰卡近年来划出成片的土地，建立开创性的国家级保护区体系，以期在最大程度上保护生物多样性——如果我们不能模仿这样的模式，巩固自然保护的成果，那么未来好几代人的努力就都会付诸东流。如果没有涵盖全国的自然保护区体系，那么每年就都会有大量的物种不断消失，我们人类甚至都没有机会用林奈的双名法给它们命名，记录它们的存在。任何一个物种灭亡，就都意味着我们失去了数百万比特的遗传信息，失去了一段久远的历史，失去了有可能让全人类获益，但却永远也无法得到印证的潜力。

　　总结一下：有利于健康的环境、温暖的亲缘关系、正确的道德约束、万无一失的经济收益和澎湃的怀旧情感是自然保护表面伦理的主要组成部分。只要把这些要素组合到一起，那么大多数时代的大部分人就都会受到感召，认识到保护生物多样性极其重要。然而，这还远远不够。每一次迟疑、每一个因为人类的不作为而走向灭绝的物种，都会不可逆地转动齿轮，令全人类遭受无可挽回的损失。提出新的、更强大的道德理性，去关注自然保护最根本的动机，去了解人类为什么要珍视和保护生命，以及人类会在什么样的情况及场合下珍视和保护生命，这是现在刻不容缓的事情。可能被用来构建深刻自然保护伦理的要素包括学习冲动，以及具有偏向性的学习形式，而这些要素又可以被松散地归类为亲生命性。它们除了包括对巨蛇的崇敬，对稀树草原、猎人神话的理想化描述，无疑还包括其他许多尚待探索的东西——它们是处在发育状态的心灵最容易寻找的目的地。在一生中，我们的心灵一直都在不断地做出大量的选择，在此过程中必将成长为符合漫长而独特的人类进化史的形式。

我在本书中提出的论点是，我们之所以是人类，在很大程度上是因为我们与其他有机体的特殊关系。其他有机体不仅提供了催生出人类心灵的基体，也永远都是心灵的扎根之处，能够满足人类与生俱来的对挑战和自由的追求。只要能找到成为博物学家的感觉，我们每个人就都能找回原来的那种在无拘无束的世界中畅游的兴奋感。这便是我提出的能够让世界重新充满诗意、充满神秘感的方法：神秘的、鲜为人知的微小有机体就生存在我们每个人的身边，与你坐的地方咫尺之遥。绚丽多彩的袖珍世界正等待着人类的探索。

　　既然如此，自然保护伦理又为什么会遇到阻力呢？最常见的论调是，我们必须把人类放在第一位。等到把困扰人类的问题都解决了以后，我们就可以把自然环境当作奢侈品来享受了。如果答案真的是这样的，就只能证明，问题本身就是错误的。如果讨论某件事是否重要，我们关注的就是这件事的目的。解决实际问题只是手段，并不是目的。让我们假设人类拥有足够的天赋，能够解决所有的科技及政治难题。让我们想象一个人口稳定、粮食充足、没有核战争、能源供给长久稳定的未来——那又怎么样呢？在地球上的每一个角落，答案都是一样的：我们每个人都会竭力追求自我实现，最终实现自己所有的潜能。那么自我实现又是什么呢？人类潜能到底是为了什么样的目的而

　　　　　　　　　　　　　　　　亲生命性

进化出来的呢?

事实是，人类从来都没能征服世界，从来都未能理解世界；我们只是自以为是，认为自己是世界的掌控者。我们甚至都不知道自己为什么会以特定的方式对其他有机体做出反应，为什么会以多种多样且极其深刻的方式依赖其他有机体。为人类像掠夺者那样相互伤害、破坏环境的行为方式辩护的理论虽然大行其道，实际上却只是荒诞的误解，不仅已经过时，还极不可靠，会造成巨大的破坏。我们越是把心灵本身当作关注的焦点去探索，越是把心灵当作维持生命的器官，就越是能从纯理性的角度出发，让自己变得更加敬畏生命。

自然哲学已经把人类存在的下述自相矛盾之处清楚地摆在了我们眼前。永不停止的对外扩张——也可以说是对个人自由的追求——是人类精神的奠基石。然而，为了维持这种状态，我们就必须以人类所能企及的最精密、最了如指掌的方式去管理和保护生命世界。扩张和管理给人的第一印象是，二者的目标相互矛盾，但事实并非如此。这两种对待自然的方式到底在多大程度上得到重塑，变得能够相互支持，将成为我们衡量自然保护伦理深刻程度的标准。这个悖论是可以解决的，前提是我们必须改变与之相关的前提条件，让它在形式上变得更符合人类的终极生存目标，在我看来，这就等同于对人类心灵的保护。

第九章

苏里南

Surinam

永恒的苏里南：这片土地的景象多年来一直保留在我的记忆里，象征着我出发时的梦想和年少时的探险活动，是所有博物学家的故乡，这里是一处静谧的避难所，有朝一日可以让个人的信仰以一种永久的、趋近完美的形式获得新生。所以，在这里先描述一下苏里南的实际情况，最后一次回顾这片土地在我记忆里的景象，倒也十分恰当。

苏里南是一个主权国家，沿海地区是肥沃的平原，内陆地区是未开发的荒野，全国的森林资源储量在世界上名列前茅。与南美洲的大部分地区相比，新热带界 ① 鸟类在

---

① 世界陆地动物区系的一个分区，包括整个中美、南美大陆、墨西哥南部以及西印度群岛。——译者注

苏里南的数量和出现频率要更高，所以苏里南经常被称作鸟类学家的天堂。即便是在帕拉马里博的城区内，也能看到成群结队在棕榈树丛中飞翔的鹦鹉。在城区周围的森林中，鲜花盛开的树冠层经常闪现上百种蜂鸟、伞鸟的身影。只要坐上一小会儿车，再乘船南下，你就能看到冠雉、鹢鸵、侏儒鸟、风铃鸟、蚁鸫、巨嘴鸟，甚至还有可能一瞥角雕的英姿，角雕体形巨大，捕食猴子、树懒，是站在森林生态系统能量金字塔顶端的猛禽。一般来说，如果一个地区的鸟类动物群能够完整地保存下来，这一地区的其他动物群和植物群的保存状况就同样不会出什么大问题。苏里南的内陆地区是热带美洲的残存区域，即便没有完全保留热带美洲的原始状态，也大体上反映了 1 万年前，第一批美洲原住民穿过巴拿马地峡，在热带美洲定居时的生存环境。

位置：南美洲的北部沿海地区，东西两侧分别是法属圭亚那[1]和圭亚那[2]，在南方与巴西接壤。人口：35 万，大部分集中在沿海地区，尤以首都帕拉马里博及其周边地区人口最为密集。[3] 苏里南的混合型农业较为成功，大米颇

---

[1] 法国的海外省份。——译者注

[2] 即圭亚那合作共和国。——译者注

[3] 原文如此，1975 年至本书成书时的人口数大约为 36 万人。数据来自聚汇数据"苏里南人口历年数据"。——编者注

受重视，是主要的出口作物。位于布罗科蓬多大坝的水电站规模在南美洲数一数二，为苏里南产能极高、但所有权仍被外国公司控制的铝土矿加工业提供了大部分电力。苏里南人彬彬有礼、态度友好，能够大大增加旅游业作为经济资源的潜力。苏里南的语言是一种名为苏里南汤加语的克里奥尔语方言；如果苏里南人发现游客不擅长用这种语言沟通，他们就会变得尤其热情，不过用荷兰语和英语，都可以让你在该国的大部分地区畅通无阻。

气候：酷热。教育：受到重视，正在改善。道路：稀少。1975 年，荷兰政府承认苏里南独立，承诺在之后 15 年间，每年向苏里南提供 1 亿美元的援助款。1982 年，苏里南的人均年收入为 2 500 美元，在发展中国家中名列前茅。在苏里南，三分之一的人是有车族，冰箱和电视是常见的家用电器。苏里南环境资源丰富、人口少，拥有摆脱殖民统治的绝大多数第三世界国家都无法享有的发展宽限期，所以从长远来看，这个小国的未来似乎一片光明。

与我 1961 年初次到访时的情况相比，伯恩哈斯多普已经发生了翻天覆地的变化。这里原本只是一个阿拉瓦克人的小村庄，但终究还是受到从帕拉马里博、莱利多普发起的人口外迁浪潮的影响，变成了一座人口约为 500 人的小镇，其居民拥有爪哇、中国、美洲印第安、克里奥尔等血统，形成了能够反映苏里南全国人口组成的民族微环境。现在，苏里南的景色具有经典的热带乡村风格。比起茅草屋，倒是在地桩上修建，使用金属板屋顶的传统一居室、两居室板房更为常见。牧场和菜园郁郁葱葱，拥有纵横交错的排水渠，生产出大量的蔬菜、奶制品、禽类，不仅可以满足本地的需求，还可以为附近的市场提供货源。镇子正中心有一家中国人经营的小店，就在紧邻主干道的土路边上。不知谁竖起了可口可乐的广告牌和绘有苏里南国徽的布告板——国徽的正中央是一枚椭圆形的盾徽，上面绘有帆船、五角星、棕榈树，盾徽两侧分别站着一位全副武装的阿拉瓦克战士，下方则写有"正义、信仰、忠诚"这几个大字的绶带。推土机早已完成了工作：森林砍伐殆尽，只剩下了零星分布的棕榈树，以及位于边缘地带的次生灌木。镇子里还有一棵大树，水平方向的树枝上挂满了拟椋鸟梨形的鸟巢，就好似一排排整齐列队的士兵。我目前见到的所有地图都没有标注伯恩哈斯多普。从莱利多普出发，通往赞德赖的公路有一条岔路，路口处竖着指示牌，上面工工整整地写着"伯恩哈斯多普"几个大字——这座小镇正骄傲地向全世界宣示自己的存在。

1980年，野蛮的暴行突然降临，把苏里南一片光明的未来笼罩在了阴影中。革命领袖德西·鲍特瑟——一个受教育程度很低的军队体育教官——推翻了由亨克·阿龙担任总理的民选政府。鲍特瑟起初对社会主义抱有怀疑态

亲生命性

度，但之后受到成为他情妇的老师的影响，学习了马列主义，思想左倾，开始设法与菲德尔·卡斯特罗和苏联拉近关系。1982 年 12 月，鲍特瑟事先没有发出任何警告，就逮捕了包括律师、记者、工会领导人在内的公民领袖共 15 人，之后又下达了处决令。次日清晨，这 15 人中有 14 人成了枪下冤魂，只有一人幸免于难。鲍特瑟一方面消灭了一部分旧有的领导阶层，迫使数以百计的苏里南国民匆匆逃往国外，加入数以万计的海外流亡者的行列，另一方面却宣称自己要"建设一个全新的苏里南"。

在我编写本书的这段时间里，苏里南已经成了被沉默和恐惧支配的国家。原先发展得还算不错的旅游业早已关门大吉，荷兰和美国切断了援助，苏里南的失业率不断上升，原本数额十分可观的外汇储备正在迅速枯竭。政府关闭了大学，主要的广播站和工会总部都被烧掉或炸毁。便衣警察随意逮捕公民进行审问。普通人认为告密者无处不在，几乎不敢评论政府。用一个流亡者的话来讲，苏里南已经变成了"哑巴的国家"。国内紧张的气氛映射出了统治者担惊受怕、疑神疑鬼的心理状态。坊间流言宣称，有人计划发动政变，推翻鲍特瑟的统治，甚至还指出，政变有可能得到了美国政府的暗中支持。美国政府当然对此坚决否认。鲍特瑟担心国内左翼势力发动政变，还拒绝了古巴伸出的橄榄枝，驱逐了古巴大使。与美古两国形成鲜明对比的是，巴西政府明确表示希望鲍特瑟改邪归正，设法扩大了与其政权的接触范围。所有国家都在竭尽全力，想要解决这样一个有历史记录以来就一直存在的大难题：如何与卡列班^①的王国打交道。

遇到这类事情，有一种方法可以在一定程度上让我们的心情平静下来。无论鲍特瑟政权最终的结局如何，我们都可以把这场国家悲剧等同于苏里南历史长河中一层微微的涟漪。苏里南人民必将渡过危机，见证自己的国家如何在生态学、进化学的层面上发生变化，而在如此长的时间尺度上，无论是大人物的事迹，还是重大的政治事件，都会变成周而复始的事情，会随着时间延长而显得越来越不重要。

一位在更宏大的舞台上经历了所有人间悲喜、权力更迭的哲人用极富哲理的语言总结了世事变化万千、权力转瞬即逝的现实。他生活在距离现代足够久远的年代，因此获得了令人信服的权威：他便是贤明的罗马皇帝、斯多亚派哲学家马可·奥勒留。奥勒留指出，把眼光放远，去观察世间之事，就会发现无论是阿谀奉承的人，还是被奉承的人，都难以长久，会匆匆退场，你还会发现，"所有这

---

① 卡列班是莎士比亚的戏剧《暴风雨》中的半人半兽的角色，他长相丑陋，但却不愿接受这样的现实。用来指代那些对丑陋的现实熟视无睹、自欺欺人的人。——译者注

一切都发生在这块大陆的一个小角落，但即便是在这一小块地方，所有的事情也都无法达成一致，甚至连个能与自己本身和谐相处的人都没有"。

人们想要取悦的人、想要得到的东西、用来实现目的的手段——想想所有这一切到底都是怎么回事吧！时间很快就会淹没一切！时间已经淹没了不知多少事情！

我很想当面问他这样一个问题：马可·奥勒留，你是不是也认为悲剧与价值一样，也是由时间尺度决定的？如果你能来到 20 世纪，再一次成为哲人王，扬帆前往新的伊奥尼亚 ①，去寻找智慧，你会选择自然保护的道路吗？人类对生命的爱有没有强大到足以促使我们拯救生命的程度？

伯恩哈斯多普将会作为一个特殊的地方、一扇通向遥远梦想世界的大门，永远留在我的记忆中。永恒的苏里南、静谧的苏里南位于伯恩哈斯多普以南，是一处尚待鉴定的宝藏。我希望这处宝藏能够完整保存，至少保证它数

---

① 古希腊时代对今天土耳其安纳托利亚西南海岸地区的称呼，该地区拥有悠久的哲学传统。——译者注

百万年的自然史可以大体保存下来，以供人类解读。按照当今的伦理标准，这处宝藏的价值也许看起来十分有限，完全不能与日常生活中急迫的问题相提并论。但我还是要指出，随着生物学知识的增长，伦理标准将会发生根本性的转变，到了那时候，每个国家的国民都会在大脑神经纤维的驱使下，把本国的动植物资源视为国家遗产，认为它们与艺术、语言，以及充满成就和闹剧的、令人惊奇的、总能够给我们这个物种下定义的人类历史同样重要。

参考文献

References

前言

我在 1979 年 1 月 14 日的《纽约时报书评》(*New York Times Book Review*，见 p43)上发表以《亲生命性》为题的文章，在文中第一次使用了"亲生命性"这个概念。

第一章　伯恩哈斯多普

利奥·马克斯（Leo Marx）所著《花园里的机器：美国的技术与田园理想》(*The Machine in the Garden: Technology and the Pastoral Ideal in America*；纽约：牛津大学出版社，1964 年)。

段义孚所著《恋地情结：环境感知、态度和价值观研究》(*Topophilia: A Study of Environmental Perception, Attitudes, and Values*；恩格尔伍德克利夫斯：普伦蒂斯-霍尔出版社，1974 年)。

E. 简·罗布（E. Jane Robb）、G. L. 巴龙（G. L. Barron）不久前彻底搞清楚了卵菌门的奇异缚舌菌奇特的攻击机制，在《科学》（*Science*；第 218 期，第 1 221—1 222 页；1982 年）上发表了题为《大自然的弹道导弹》（"Nature's Ballistic Missile"）的论文。

土壤中有机体的密度是以约翰·A. 沃尔沃克（John A.Wallwork）所著《土壤动物群的分布及多样性》（*The Distribution and Diversity of Soil Fauna*；1976 年由美国学术出版社在纽约出版），以及彼得·H. 雷文（Peter H. Raven）、雷·F. 埃弗特（Ray F. Evert）、海伦娜·柯蒂斯（Helena Curtis）所著《植物生物学（第三版）》（*Biology of Plants, 3rd ed.*；纽约：沃思出版社，1981 年）中的估测为依据得出的。

不同种类有机体的碱基对数目引用的是拉尔夫·海因加德纳（Ralph Hinegardner）在《基因组大小的演化》（"Evolution of Genome Size"）一文中发表的权威观点，见 F. J. 阿亚拉（F. J. Ayala）主编的《分子演化》（*Molecular Evolution*；马萨诸塞州森德兰市：塞诺尔出版社，1976 年），第 179—199 页。DNA 的碱基有四种配对方式，分别为 AT、TA、CG、GC，每个碱基对的信息

量大约相当于 $\log_2 4 = 2$ 比特。亨利·夸斯特尔（Henry Quastler）在《信息理论入门》（"A Primer on Information Theory"）一文中计算了英文单词的比特数，见 H. P. 约基（H. P. Yockey）主编的《生物学信息理论论文集》（*Symposium on Information Theory in Biology*；纽约：培格曼出版公司，1958 年），第 3—49 页。

地球上现存昆虫的种类数最多可达 3 000 万种的估测乍一看有些超乎想象，但特里·L. 欧文（Terry L. Erwin）已经在《热带森林的树冠层：生物学最后的前线》（"Tropical Forest Canopies: The Last Biotic Frontier"）一文中列出证据，对这一估测进行了详细的论证，见《美国昆虫学会学报》（*Bulletin of the Entomological Society of America*；第 29 期，第 14—19 页；1983 年）。

第二章　超有机体

山姆·伊克尔（Sam Iker）所写的《森林之海中的生命之岛》（"Islands of Life in a Forest Sea"）是描述"生态系统最小临界规模项目"的权威文章，见《马赛克》（Mosaic；美国国家科学基金会主办的杂志，发行地为华盛顿）第 13 期（1982 年 9—10 月刊），第 25—30 页。彼得·T. 怀特（Peter T. White）所作《热带雨林：逐渐消失的自然宝藏》

（"Tropical Rain Forests: Nature's Dwindling Treasures"） 虽然简短，但却图文并茂，同样也介绍了"最小临界规模项目"，见《美国国家地理》(*National Geographic*；第 163 期，第 2—47 页；1983 年 1 月刊)。

我从来都没有见过森林中树木自然倒伏的景象，但却目睹了雨林中许多参天巨木遭到电锯砍伐，轰然倒塌的样子。我以对伐木过程的观察为基础，再现了亚马孙森林中自然发生的树木倒伏现象。

爱德华·O. 威尔逊（Edward O. Wilson）所著《昆虫的社会》(*The Insect Societies*；剑桥：哈佛大学出版社，1971 年)、尼尔·A. 韦伯（Neal A. Weber）所著《花园蚁：真菌栽培蚁》(*Garden Ants: The Attines*；费城：美国哲学会，1972 年) 大体介绍了切叶蚁的生物学知识。

第三章　时光机

对路易·阿加西与本杰明·皮尔斯谈话的描述摘自 A. 亨特·杜普里（A. Hunter Dupree）所著《阿萨·格雷》(*Asa Gray*；剑桥：哈佛大学出版社，1959 年)。我们虽然知道二人谈论的主题，但他们具体说了些什么就不得而知了。只不过，阿加西对达尔文主义的评论——"我们必须阻止这样的言论"倒的确是格雷对阿加西原话的回忆。

阿加西、达尔文及二人与各自友人的来往信件摘自大卫·L. 赫尔（David L. Hull）的著作《达尔文和他的批评者：科学界是如何接受达尔文的进化论的》（*Darwin and His Critics: The Reception of Darwin's Theory of Evolution by the Scientific Community*；剑桥：哈佛大学出版社，1973 年）。正文中引用的那段阿加西的怨言摘自 1874 年发行的一期《大西洋月刊》（*Atlantic Monthly*），来源是该刊在阿加西去世后刊登的一篇文章。

本章中伯特兰·罗素的观点摘自《人文学家》（*The Humanist*；1982 年 11—12 月刊，见第 39 页）上刊登的一篇访谈录。

洛伦·R. 格雷厄姆（Loren R. Graham）在《科学与价值观》（*Between Science and Values*；纽约：哥伦比亚大学出版社，1981 年）一书中详述了限制主义者和扩张主义者的特征。

就算一件事很了不起，它背后的原因也不见得就很了不起：我第一次听到有人用这样的方式来评述达尔文的关键结论是在 1982 年剑桥大学主办的一次讲座上，当时的主讲人是哲学家约翰·帕斯莫尔。

达尔文笔记引自 P. H. 巴雷特（P. H. Barrett）所著《形而上学、唯物主义与思想的进化：达尔文的早期著作》（*Metaphysics, Materialism, and the Evolution of Mind: Early Writings of Charles Darwin*；芝加哥：芝加哥大学出版社，1980 年）。

如果想了解现代限制主义科学观的实例，可阅读约翰·W. 鲍克（John W. Bowker）所作《风弦琴：社会生物学与人类的判断》（"The Aeolian Harp: Sociobiology and Human Judgment"），见《宗教与科学杂志》（*Zygon*；第 15 期，第 307—333 页；1980 年）；西奥多·罗萨克（Theodore Roszak）所作《怪物与巨人：科学、知识与灵知》（"The Monster and the Titan: Science, Knowledge, and Gnosis"），见《代达罗斯》（*Daedalus*；第 103 期，第 17—32 页；1974 年）；威廉·欧文·汤普森（William Irwin Thompson）所著《羽化飞升，奔向光明》（*The Time Falling Bodies Take to Light*；纽约：圣马丁出版社，1981 年）。

第四章 极乐鸟

我以自己对哈佛大学比较动物学博物馆馆藏标本的观察，加上威廉·T. 库珀（William T. Cooper）、约瑟夫·M. 福肖（Joseph M. Forshaw）所著《极乐鸟与园丁鸟》（*The Birds of Paradise and Bower Birds*；波士顿：大卫·R. 戈丁出版社，1977 年）一书中惟妙惟肖的极乐鸟插图和对相关生物学知识的完美总结为依据，编写了书中对线翎极乐鸟的描述。我虽然在 1955 年时，分别从芬什港和莱城出发，步行探索了休恩半岛内陆的大片地区，途中或许有许多线翎极乐鸟看到了我的身影，但是我从来没有在野外观察到线翎极乐鸟。原因很简单：我是来研究蚂蚁的，几乎一直都紧盯着地面，仅仅在休恩半岛上就遇到了 300 多种不同的蚂蚁。有一次，我听到了树顶传来尖锐的鸟叫声，紧接着又听到一位澳大利亚生物学家在不远处大喊："极乐鸟！"但等我戴好眼镜向树顶望去时，那只极乐鸟已经不见了踪影。

第五章 物种的诗篇

大卫·希尔伯特题为《论未来的数学问题》（"Sur les problèmes futurs des mathématiques"）的著名论文，除了列出现代数学的 23 个根本问题，还在该文的导言中讨论了不断探索、不断获得新发现的重要性；见《第二届国际数学家大会论文集》(*Compte rendu du Deuxième Congrés International des Mathématiciens*；巴黎，1900 年，第 58—114 页)。

爱因斯坦对普朗克的评价引自《研究的原则》("Principles of Research")一文，见《阿尔伯特·爱因斯坦的理念与观点》(*Ideas and Opinions by Albert Einstein*；纽约：大书库出版社，1954 年)；该书德文原版题为《我的世界观》(*Mein Weltbild*)，由卡尔·泽利希 (Carl Seelig) 编辑，索尼娅·巴格曼 (Sonja Bargmann) 译为英文。

狄拉克在《物理学家眼中自然图景的演化过程》(*The Evolution of the Physicist's Picture of Nature*)一文中解释了美与科学事实之间的关系，见《科学美国人》(*Scientific American*，第 208 期，第 45—53 页)。外尔对美学与事实的看法，引自他与弗里曼·J. 戴森的对话，对话内容见戴森在《自然》(*Nature*；第 177 期，第 457—458 页；1956 年)上发表的悼念外尔的文章。

希尔伯特的评论摘自威廉·N. 利普斯科姆 (William N. Lipscomb) 的文章《科学中的美学》("Aesthetic Aspects of Science")，见由迪恩·W. 柯廷 (Deane W. Curtin) 编辑

的《科学的美学层面》（*The Aesthetic Dimension of Science*；纽约：哲学图书馆出版社，1982年，第1—24页）。

在把艺术和人文学与科学放在一起进行比较的时候，我参考下列著作，对艺术和人文学的概念有了更加正式的认识，所以要在此表示感谢：理查德·W. 莱曼（Richard W. Lyman）等人所著《美国生活中的人文学——人文学委员会报告书》（*The Humanities in American Life, Report of the Commission on the Humanities*；伯克利：加利福尼亚大学出版社，1980年）；W. 杰克逊·贝特（W. Jackson Bate）所作《英语研究的危机》（"The Crisis in English Studies"），见《哈佛杂志》（*Harvard Magazine*，1982年9—10月刊，第46—53页）；保罗·奥斯卡·克里斯特勒（Paul Oskar Kristeller）所作《人文学与人文主义》（*"The Humanities and Humanism"*），见《人文学报告》（*Humanities Report*；1982年1月出版，第17—18页）。

罗杰·沙特克对艺术自主传统的看法：《人文学的人性化》（"Humanizing the Humanities"），见《改变》（*Change*，1974年11月刊，第4—5页）。

T. S. 艾略特在《传统与个人才能》（"Tradition and the

Individual Talent"；1919 年发表）一文中探讨了诗人的行为
准则，见《托马斯·斯特尔那斯·艾略特文选》（*Selected
Prose of T. S. Eliot*；纽约：哈考特·布雷斯·约万诺维奇出
版社，1975 年）。

奥克塔维奥·帕斯的诗歌《破碎的水罐》（"The Broken
Waterjar"）由莱桑德·肯普（Lysander Kemp）翻译成英文，
见《早 期 诗 集（1935—1955）》（*Early Poems, 1935-1955*）。
重印许可由新方向出版公司提供。

每年一度的诺贝尔大会由古斯塔夫·阿道夫学院主
办，科学家和其他学者在会上的讲座是最好的证言，能够
让我们了解人类的创新过程。与本书内容最贴近的讲稿包
括：由约翰·D. 罗斯兰斯基（John D. Roslansky）编辑的
《创造力》（*Creativity*；阿姆斯特丹：北荷兰出版社，1970
年），由迪恩·W. 柯廷编辑的《科学的美学层面》（*The
Aesthetic Dimension of Science*；纽约：哲学图书馆出版社，
1982 年），由理查德·Q. 恩菲（Richard Q. Elvee）编辑的
《自然中的心灵》（*Mind in Nature*；纽约：哈珀与罗出版公
司，1982 年）。

西里尔·S. 史密斯在《对结构的探寻：科学、艺术和

历史文选》(*A Search for Structure: Selected Essays on Science, Art, and History*;剑桥：麻省理工学院出版社，1981年）一书中回顾了自己与冶金学结缘的过程。

加缪在《反与正》(*The Wrong Side and the Right Side*)一书的前言中，用创造性的迂回方式再现了儿时的景象；《抒情与批评散文集》(*Lyrical and Critical Essays*；纽约：艾尔弗雷德·A. 克诺夫公司，1969年）收录了这篇文章。

汤川秀树在《创造力与直觉：一个物理学家对于东西方的考察》(*Creativity and Intuition: A Physicist Looks East and West*；东京：株式会社讲谈社，1973年；由约翰·贝斯特尔翻译成英文）一书中讲述了在他看来类比为什么会起到核心作用。爱因斯坦对类比的看法："找到浅显的类比很容易，但实际上，这样的类比什么也表达不出来。发现隐藏在不同表象下的某种本质特征，以此为基础形成新理论——这才是利用一种深刻而恰如其分的类比，成功实现理论突破的典型例子。"《物理学的演化》(*The Evolution of Physics*；纽约：西蒙与舒斯特出版社，1938年）。

我和罗伯特·H. 麦克阿瑟以《岛屿生物地理学平衡

理论》("An Equilibrium Theory of Insular Biogeography")为题，在《进化》(*Evolution*；第 17 期，第 373—387 页；1963 年）上发表了我们的主要工作成果，之后又在《岛屿生物地理学理论》(*The Theory of Island Biogeography*；普林斯顿：普林斯顿大学出版社，1967 年）一书中更为详尽地介绍了相关工作。马克·威廉森（Mark Williamson）在《岛屿种群》(*Island Populations*；牛津：牛津大学出版社，1981 年）一书中对岛屿生物地理学理论及相关主题做出了更新更全面的描述。

M. H. 艾布拉姆斯（M. H. Abrams）所著《镜与灯》(*The Mirror and the Lamp*；纽约：牛津大学出版社，1953 年）一书是述评浪漫主义传统和文学批判起源的权威著作，该书引用了洛思主教的看法，并研究了他分析的重要性。

理查德·罗蒂在他对精神哲学称绝的评述中把人类描述为充满诗意的物种："除了用来进行预测与控制的词汇——自然科学领域的词汇，人类还有用来描述道德、政治生活和艺术的词汇，以及用来描述所有那些目的不是预测与控制，而是为了让人类获得一幅真实自画像的活动的词汇。我们评判自画像的标准不是它是否符合人类这个物种的本质，我们人类之所以与其他物种不一样，其真正原因是我们能够超越仅仅涉及真理与谬误的问题。我们是一个充满诗意的物种，能够以改变自身行为的方式来改变自己——改变语言行为，改变我们所使用的词汇，是尤其重要的方式。"摘自《不可言喻的心灵》（"Mind as Ineffable"），见由 R. Q. 恩菲编辑的《自然中的心灵》（*Mind in Nature*；纽约：哈珀与罗出版公司，1982 年）。

约翰·E. 法伊弗（John E. Pfeiffer）在《创造力大爆炸：对艺术及宗教起源的探寻》（*The Creative Explosion: An Inquiry into the Origins of Art and Religion*；纽约：哈珀与罗出版公司，1982 年）一书中很好地描述了洞穴艺术及其在文化传播过程中可能起到的作用。

金塞拉的诗作《仲夏》摘自《诗选（1956—1968）》（*Selected Poems, 1956-1968*；都柏林：多尔门出版社，1973 年）。

艾伯哈特的那一段诗摘自诗作《最终的歌声》（"Ultimate Song"），见《诗集（1930—1976）》（*Collected Poems, 1930-1976*；纽约：牛津大学出版社，1976 年）。

下面列出了一部分对本书在心灵及记忆领域（包括节

点—链接架构）具有关键参考意义的著作和教科书：约翰·R. 安德森（John R. Anderson）所著《认知心理学及其启示》（*Cognitive Psychology and Its Implications*；旧金山：W. H. 弗里曼出版社，1980 年）；科林·布莱克莫尔（Colin Blakemore）所著《心理机制》（*Mechanics of the Mind*；纽约：剑桥大学出版社，1977 年）；丹尼尔·C. 丹尼特（Daniel C. Dennett）所著《头脑风暴：心灵及心理学哲学文集》（*Brainstorms: Philosophical Essays on Mind and Psychology*；佛蒙特州蒙哥马利：布拉德福德出版社，1978 年）；加德纳·林德芮（Gardner Lindzey）、C. S. 哈尔（C. S. Hall）、R. F. 汤普森（R. F. Thompson）所著《心理学》（*Psychology*；纽约：沃思出版社，1975 年）；G. R. 洛夫特斯（G. R. Loftus）、伊丽莎白·F. 洛夫特斯（Elizabeth F. Loftus）所著《人类记忆：信息的处理》（*Human Memory: The Processing of Information*；希尔斯代尔：劳伦斯·艾尔伯协会，1976 年）；威廉·R. 乌塔尔（William R. Uttal）所著《心灵的心理生物学》（*The Psychobiology of Mind*；希尔斯代尔：劳伦斯·艾尔伯协会，1978 年）；韦恩·A. 威克尔格伦（Wayne A. Wickelgren）所著《认知心理学》（*Cognitive Psychology*；恩格尔伍德克利夫斯：普伦蒂斯－霍尔出版社，1979 年）。

格尔达·斯梅茨（Gerda Smets）所著《美学判断与大

脑兴奋度：心理物理学领域的一项实验研究》（*Aesthetic Judgment and Arousal: An Experimental Contribution to Psycho-physics*；鲁汶：鲁汶大学出版社，1973 年）描述了相关实验，指出大脑能够对不同几何图形做出不同兴奋度的反应。

J. 格雷·斯威尼（J. Gray Sweeney）所著《美国绘画的主题》（*Themes in American Painting*；密歇根：大急流城美术馆，1977 年）收录了斯特拉的创作感言，并对他的作品进行了分析研究。

第六章　巨蛇

本书大部分与巨蛇的文化地位相关的内容都取自巴拉吉·孟德克（Balaji Mundkur）所著《巨蛇崇拜：对其表现形式和起源的跨学科研究》（*The Cult of the Serpent: An Interdisciplinary Survey of Its Manifestations and Origins*；奥尔巴尼：纽约州立大学出版社，1983 年）。该书是一部原创性极高的杰作。我一直以来都在思考人类为何会崇拜巨蛇，而孟德克则从艺术史和文学史的角度出发，细致入微地记录了人类的巨蛇崇拜。

简·埃伦·哈里森（Jane Ellen Harrison）在《希腊宗

教研究导论（第三版）》（*Prolegomena to the Study of Greek Religion*, 3rd ed.；剑桥：剑桥大学出版社，1922 年）一书中对宙斯·梅里齐欧斯及与恶魔厄里倪厄斯共存的巨蛇做出了详尽而权威的描述。

查尔斯·J. 拉姆斯登（Charles J. Lumsden）、爱德华·O. 威尔逊在《普罗米修斯之火》（*Promethean Fire*；剑桥：哈佛大学出版社，1983 年）一书中更为详尽地介绍了心智发展过程中侧重点的出现及其与人类本性和文化的关系。

第七章　正确的地点

何塞·奥尔特加·伊·加塞特（José Ortega y Gasset）所著《关于狩猎的沉思》（*Meditations on Hunting*；由霍华德·B. 韦斯科特翻译成英文，纽约：查尔斯·斯克里布纳之子公司，1972 年）。其他讨论猎人神话的优秀著作还包括：保罗·谢泼德（Paul Shepard）所著《温和的食肉动物与神圣的游戏》（*The Tender Carnivore and the Sacred Game*；纽约：查尔斯·斯克里布纳之子公司，1973 年），约翰·G. 米切尔（John G. Mitchell）所著《狩猎》（*The Hunt*；纽约：艾尔弗雷德·A. 克诺夫公司，1980 年）。

我收集到的那种侏儒脊口螈名叫切氏脊口螈（*Desmognathus chermocki*）。此后，学界又把它与分布范围更广的古铜脊口螈（*Desmognathus aeneus*）正式归类到了一起，但它的发现者之一巴里·D. 瓦伦丁告诉我，它的分类学地位仍然有待商榷。就脊口螈的行为多样性来说，我们在亚拉巴马州的实地考察仍然很有意义。

威廉·曼在《美国国家地理》第 66 期（1934 年 8 月刊，见第 171—192 页）发表了题为《追踪蚂蚁——野蛮与文明》（"Stalking Ants: Savage and Civilized"）的文章，记录了自己在古巴收集蚂蚁标本的经历。

小丹尼尔·E. 科什兰（Daniel E. Koshland, Jr.）的著作《作为模型行为系统的细菌趋化性》（*Bacterial Chemotaxis as a Model Behavioral System*；纽约：雷文出版社，1980 年）很好地总结了学界对细菌定向和生境选择的基本研究。

许多学者都发表文章，列举了证明早期人类的家园是热带稀树草原的证据，比如卡尔·W. 巴策（Karl W. Butzer）所作《环境、文化与人类演化》（"Environment, Culture, and Human Evolution"），见《美国科学家》（*American Scientist*）第 65 期（1977 年），第 572—584 页；

又比如格林·艾萨克（Glynn Isaac）所作《广撒网：对早期人类土地使用及生态关系考古证据的回顾》（"Casting the Net Wide: A Review of Archaeological Evidence for Early Hominid Land-Use and Ecological Relations"），见由 L.-K. 薛尼格松（L.-K. Königsson）编辑的《早期人类研究现状》（*Current Arguments on Early Man*；纽约：培格曼出版公司，1980 年），第 114—134 页。

戈登·H. 奥里恩斯（Gordon H. Orians）在《生境选择：在人类行为方面的总体理论及应用》（"Habitat Selection: General Theory and Applications to Human Behavior"）一文中提出了人类心理学最佳环境的理念，见由琼·S. 洛卡德（Joan S. Lockard）编辑的《人类社会行为的演化》（*The Evolution of Human Social Behavior*；纽约：爱思唯尔北荷兰出版社，1980 年）。马西和帕克的日记摘自第 31 届国会（1849 年）的 577 号公开档案，奥里恩斯在书中引用了相关内容。

赫尔曼·梅尔维尔在《白鲸》的第一章中把瀑布比作黄沙。梅尔维尔十分了解环境的内在美，尤其是开放水域令人难以抗拒的吸引力，其了解的深刻程度鲜有其他作家能与之比肩："假设你现在正在野外，身处遍地湖泊的高原。无论你往哪个方向走，十有八九，你都会进入山谷，看到谷中的溪流，发现自己正站在溪流的水塘边。水塘散发出魔法的气息。即便最心不在焉的人也会陷入沉思——他呆呆地站在那里，只要周围有水，他就肯定会突然迈开步子，径直向水边走去。"这是一种十分普遍的渴望，在许多思想中都能够产生象征意义。"它是生命中无形幻影的意象，而这正是一切的关键所在。"

西里尔·S. 史密斯所著《对结构的探寻：科学、艺术和历史文选》(*A Search for Structure: Selected Essays on Science, Art, and History*；剑桥：麻省理工学院出版社，1981年)，第 355 页。

关于太空殖民：杰勒德·K. 奥尼尔 (Gerard K. O'Neill) 在《今日物理》(*Physics Today*；1974 年) 上发表文章，最先提出自给自足式空间站的概念，引发了公众讨论，之后又在《高空中的最前沿：人类的太空殖民地》(*The High Frontiers: Human Colonies in Space*；纽约：班特姆出版社，1976 年) 一书中详细解释了这一概念。此外，T. A. 赫彭海默 (T. A. Heppenheimer) 所著《太空中的殖民地》(*Colonies in Space*；哈里斯堡：斯塔克波尔出版社，1977 年) 从大众科学的角度很好地阐述了自给自足式空间站的概念。物理

学家、生态学家以及许多其他学者在由斯图尔特·布兰德
（Stewart Brand）编辑的《太空殖民地》（*Space Colonies*；纽
约：企鹅出版集团，1977 年）一书中扩展了这一概念，并
提出了批评意见（其中的一些批评显得十分尖锐）。

第八章　自然保护伦理

奥尔多·利奥波德所作《土地伦理》（"The Land Et-
hic"），见《沙乡年鉴》（*A Sand County Almanac and Sketches
Here and There*；纽约：牛津大学出版社，1949 年）。

诺曼·迈尔斯（Norman Myers）所著《正在沉没的方
舟》（*The Sinking Ark*；埃尔姆斯福德：培格曼出版公司，
1979年），以及保罗·R.埃利希（Paul R. Ehrlich）、安妮·埃
利希（Anne Ehrlich）所著《灭绝：物种消失的原因及后果》
（*Extinction: The Causes and Consequences of the Disappearance
of Species*；纽约：兰登书屋，1981 年）很好地记录了正在
不断加速的物种灭绝，以及人类有可能因此遭受到的威胁。
彼得·H.雷文（Peter H. Raven）和其他一些研究者在三份
美国国家科学研究委员会报告中进一步研究了物种加速灭
绝的原因及危害：《湿性常绿阔叶林的转变》（*Conversion of
Tropical Moist Forests*；1980 年），《热带生物学的研究优先
级》（*Research Priorities in Tropical Biology*；1980 年），《热

带湿润气候带发展中的生态学问题》(*Ecological Aspects of Development in the Humid Tropics*；1982 年)。

约书亚·库格勒、伊维塔·内沃提供了与以色列胡拉山谷中但丘的珍稀植物相关的信息，我要在此表示感谢。马达夫·加吉尔（Madhav Gadgil）、V. D. 瓦塔克（V. D. Vartak）在《印度西高止山的神圣树林》（"The Sacred Groves of Western Ghats in India"）一文中解释了神圣树林作为无意间出现的自然保护区所起到的作用，见《经济植物学》(*Economic Botany*) 第 30 期（1974 年），第 152—160 页。

唐纳德·弗莱明（Donald Fleming）的文章《新保护运动的根源》（"Roots of the New Conservation Movement"）也许是对美国自然保护伦理起源最好的历史回顾，见由唐纳德·弗莱明、伯纳德·贝林（Bernard Bailyn）编辑的《美国历史展望》(*Perspectives in American History*；卢嫩堡：哈佛大学查尔斯·沃伦美国历史研究中心及斯汀霍尔出版社，1972 年）。罗德里克·纳什（Roderick Nash）在经典著作《荒野与美国思想（修订版）》(*Wilderness and the American Mind, rev. ed.*；纽黑文：耶鲁大学出版社，1973 年）一书中着重探索了荒野的概念。

戈登·M. 布格哈特（Gordon M. Burghardt）、小哈罗德·A. 赫尔佐克（Harold A. Herzog, Jr.）在《突破物种的界限：布勒兔①是我们的兄弟吗？》（"Beyond Conspecifics: Is Brer Rabbit Our Brother?"）一文中讨论了以扩展亲缘关系的方法促进自然保护伦理的理念，见《生物科学》（*Bio-Science*）第 30 期（1980 年），第 763—768 页。

保罗·雷伯恩（Paul Raeburn）在《非同寻常的黑猩猩》（"An Uncommon Chimp"）一文中介绍了倭黑猩猩的生物学知识及其地位，见《科学》（*Science*）第 83 期（1983 年 6 月刊），第 40—48 页。

彼得·辛格（Peter Singer）所著《不断扩展的圈子：伦理与社会生物学》（*The Expanding Circle: Ethics and Socio-biology*；纽约：法勒、施特劳斯和吉鲁出版社，1981 年）。克里斯托弗·D. 斯通（Christopher D. Stone）所著《树木应当拥有地位吗？自然物的法定权利》（*Should Trees Have Standing? Toward Legal Rights for Natural Objects*；洛斯阿尔托斯：威廉·考夫曼出版社，1974 年）。

---

① 生活在美国南部的非裔美国人民间故事中的角色，是一只喜欢耍诈的大兔子。——译者注

加勒特·哈丁（Garrett Hardin）在《利他主义的局限性：一个生态学家的生存观》（*The Limits of Altruism: An Ecologist's View of Survival*；布卢明顿：印第安纳大学出版社，1977年）一书中用简练的语言描述了自己对伦理学中"严厉的爱"的看法。

书中与可食用热带植物相关的内容摘自诺曼·迈尔斯意义重大的植物百科全书《野生物种的财富：促进人类福祉的储藏室》（*A Wealth of Wild Species: Storehouse for Human Welfare*；博尔德：西部视点出版社，1983年）。

托马斯·艾斯纳在为《濒危物种法案》佐证时把各个物种比作写满了遗传信息的活页笔记本，《国会记录（第128卷）》（*The Congressional Record, vol. 128*；1982年4月1日）发表了他的讲稿，《自然领域期刊》（*Natural Areas Journal*）第二期（1982年）也收录了这份讲稿。

第九章　苏里南

年轻的鸟类学家理查德·普鲁姆在苏里南研究鸟类的社会行为，于1982年12月受我之托，前往伯恩哈斯多普。他不仅详细记录了当地的情况，还拍摄了照片，并且与一些当地居民交谈。之后，我和普鲁姆会面，讨论与我20

年前造访的那个伯恩哈斯多普相比，现在的伯恩哈斯多普有什么不同之处。书中与苏里南近期发生的政治事件，尤其是与鲍特瑟政变及 1982 年 12 月的处决相关的内容是以《时代》杂志（Time；1983 年 5 月 30 日）上刊登的文章《哑巴的国家》（"A Country of Mutes"）及其他资料为基础的。《时代》杂志的消息来源至少在一定程度上是独立的。在某种意义上讲，苏里南政府的所作所为倒也的确不偏不倚：受害者中除了有一位为苏里南共产党的周刊《铁锤》（Mokro）工作的记者布拉姆·贝尔，还有鲍特瑟手下的地区军事指挥官。

亲生命性

致谢

Acknowledgments

以下这些同事和友人为本书提供了技术帮助和诚恳建议，虽然我并没有全部虚心接受，但我必须在这里对他们表达谢意：弗里曼·J. 戴森、杰拉尔德·霍尔顿、凯瑟琳·M. 霍顿、约书亚·库格勒、威廉·N. 利普斯科姆、托马斯·洛夫乔伊、查尔斯·J. 拉姆斯登、彼得·马勒、马尔温·L. 明斯基、伊维塔·内沃、戈登·H. 奥里恩斯、小雷蒙德·A. 佩因特、理查德·普鲁姆、格伦·罗、乔舒亚·鲁本斯坦、迈克尔·鲁斯、休·萨维奇－朗博、莱尔·K. 索尔斯、J. 格雷·斯威尼、詹姆斯·H. 图姆林森、巴里·D. 瓦伦丁、欧内斯特·E. 威廉姆斯、勒妮·威尔逊。此外，由于与我其他的著作相比，本书的个人色彩更浓，所以我必须在此对哈佛大学出版社的工作人员在过去15年的合作中付出的努力，以及他们对我工作能力的信任表达由衷的谢意。我们的合作几乎让我忘记了创作的艰辛，只留下对创作之乐永不褪色的回忆。